[백목련]
Magnolia denudata

[음나무]
Kalopanax septemlobus

[양버즘나무]
Platanus occidentalis

개정판 4단계 분류법에 따라 겨울눈을 구별한다

겨울눈 도감

이광만 · 소경자 지음

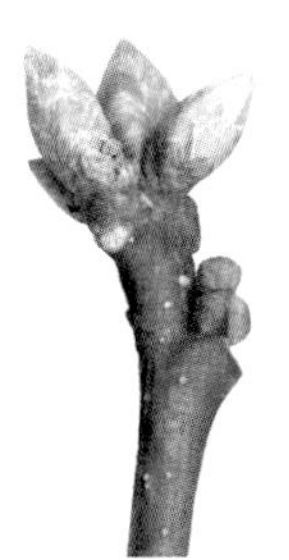

[갈참나무]
Quercus aliena

[산벚나무]
Prunus sargentii

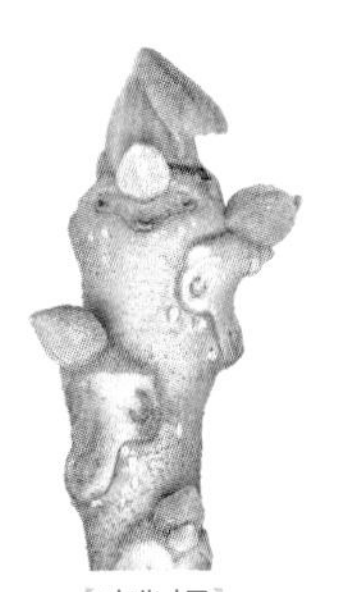

[가래나무]
Juglans mandshurica

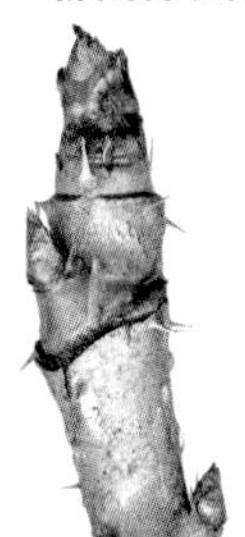

[두릅나무]
Aralia elata

[비목나무]
Lindera erythrocarpa

[매실나무]
Prunus mume

나무와문화 연구소

겨울눈 도감 개정판

1쇄 발행 · 2015년 2월 10일
2쇄 발행 · 2020년 1월 20일
지은이 · 이광만, 소경자
발　행 · 이광만
출　판 · 나무와문화 연구소

등　록 · 제2010-000034호
카　페 · cafe.naver.com/namuro
e-mail · visiongm@naver.com
ISBN · 978-89-965666-4-9 96480

정　가 · 28,000원

국립중앙도서관 출판시도서목록(CIP)

겨울눈 도감 / 지은이 : 이광만, 소경자.
— [대구] : 나무와문화 연구소, 2015
p. ; cm

ISBN 978-89-965666-4-9 96480 : ₩28000

겨울눈[冬芽]
나무(식물)[木]

485.16-KDC6
582.16-DDC23　　CIP2015004319

PREFACE

머 | 리 | 말

겨울눈 - 생명의 캡슐

추운 겨울 동안에도 봄에 피어날 잎과 꽃을 품고 준비하는 것이 겨울눈입니다. 가지 끝에 붙은 작은 겨울눈, 이 속에 생명을 잉태하고 있어서 겨울눈이야말로 〈생명의 캡슐〉이라 할 수 있습니다. 겨울눈은 겨울의 혹독한 추위와 건조함을 이겨내고, 병충해로부터 자신을 지키기 위해, 여러 가지 방안을 강구하고 있습니다. 목련은 겨울의 추위를 견뎌내기 위해 털껍질로 몸을 쌌으며, 참나무는 여러 겹의 눈껍질을 둘렀습니다. 또, 수국은 그 속에 부동액을 담았으며, 칠엽수는 벌레가 붙지 못하도록 끈적끈적한 수지로 코팅하였습니다. 이처럼 다양한 방법으로 겨울의 악환경으로부터 살아남아서, 봄에 새 생명을 피우기 위한 노력을 하고 있습니다. 이러한 방법들은 진화의 과정에서 몸에 익힌 '삶의 지혜'입니다.

겨울에는 날씨가 추워서 야외로 나가는 기회가 적습니다. 뿐만 아니라 야외로 나가더라도 보이는 것은 흰 눈과 낙엽이 떨어진 앙상한 나무밖에 없습니다. 그러나 자연 속으로 들어가 자세히 보면 앙상한 나뭇가지 끝에 봄에 피어날 파릇파릇한 잎과 아름다운 꽃을 품고 있는 겨울눈을 볼 수 있습니다.

이 책에서는 겨울눈을 보고 나무의 이름을 알 수 있도록, 낙엽수 192종을 4단계로 분류하였습니다. 첫 번째 단계에서는 나무의 모양에 따라 4종류(교목, 소교목, 관목, 덩굴나무), 다음 단계에서는 겨울눈의 형태에 따라 3종류(비늘눈, 맨눈, 묻힌눈), 그 다음 단계에서는 겨울눈이 가지에 붙는 모양(어긋나기, 마주나기), 그리고 마지막으로 나뭇가지의 굵기(12mm, 6mm, 3mm, 1.5mm)에 따라 4단계로 분류하여 정리하였습니다.

이 책의 특징은 다음과 같습니다.

- 나뭇가지와 겨울눈은 특허 제10-1395210호 〈스캐너를 이용하여 나뭇잎 등의 자연물을 스캔하는 방법〉에 의해 데이터를 얻은 것입니다.
- 검색표에 의해 가지와 겨울눈을 보면 나무를 쉽게 구별할 수 있습니다.
- 잎자국이나 작은 특징 등은 확대하여 잘 볼 수 있게 하였습니다.
- 겨울눈뿐 아니라 나뭇잎, 열매 등의 다양한 정보를 함께 실었습니다.
- 수종마다 QR코드를 넣어서 스마트폰으로 나무에 대한 더 많은 정보를 볼 수 있게 하였습니다.

이 책을 통해서 많은 사람들이 겨울에도 나무와 한층 더 친해질 수 있는 계기가 되었으면 하는 바람입니다.

2020년 1월 **이광만 · 소경자**

저 | 자 | 소 | 개

PROFILE

이 광 만 _나무와문화 연구소 소장

경북대학교 전자공학과에서 학사 및 석사학위를 받았다. 그 후 20년 동안 이와 관련된 분야에서 근무하다가 2005년 조경수 재배를 시작하여, 대구 근교에서 조경수 농장을 운영하고 있다. 2012년 경북대학교 조경학과에서 석사학위를 받았으며, 현재 조경 관련 일과 나무와 관련된 책 집필 및 '나무 스토리텔링' 강연 활동을 하고 있다. 숲해설가, 산림치유지도사, 문화재수리기술자(조경).
저서로는 ≪나무 스토리텔링≫, ≪성경 속 나무 스토리텔링≫, ≪그리스신화 속 꽃 스토리텔링≫, ≪한국의 조경수(1), (2)≫, ≪나뭇잎 도감≫, ≪핸드북 나무도감≫, ≪그림으로 보는 식물용어사전≫, ≪우리나라 조경수 이야기≫, ≪전원주택 정원 만들기≫, ≪문화재수리기술자(조경)≫, ≪문화재관련법령≫ 등이 있다.

소 경 자 _나무와문화 연구소 부소장

경북대학교 화학과에서 학사 및 석사학위를 받았다. 그 후 오랫동안 교사로 근무하였으며, 지금은 숲해설가 및 식물의 원예활동을 통한 인간의 신체와 정신의 치유를 도모하는 원예치료복지사로 활동하고 있다. 〈나무와문화 연구소〉에서 원예치료 및 산림분야를 연구하고 있다. 숲해설가, 원예치료복지사.
저서로는 ≪성경 속 나무 스토리텔링≫, ≪그리스신화 속 꽃 스토리텔링≫, ≪한국의 조경수(1) (2)≫≪한국의 조경수(1), (2)≫, ≪나뭇잎 도감≫, ≪핸드북 나무도감≫, ≪그림으로 보는 식물용어사전≫, ≪우리나라 조경수 이야기≫, ≪전원주택 정원 만들기≫ 등이 있다.

카 | 페 | 소 | 개

Cafe Information

나무와문화 연구소

나무와문화 연구소 _cafe.naver.com/namuro

조경수, 정원, 식물도감 등 조경에 대한 종합적인 정보를 제공하는 사이트로, 이 책의 각 페이지에 표시된 QR코드는 카페의 상세 정보와 링크되어 있다.

책의 구성

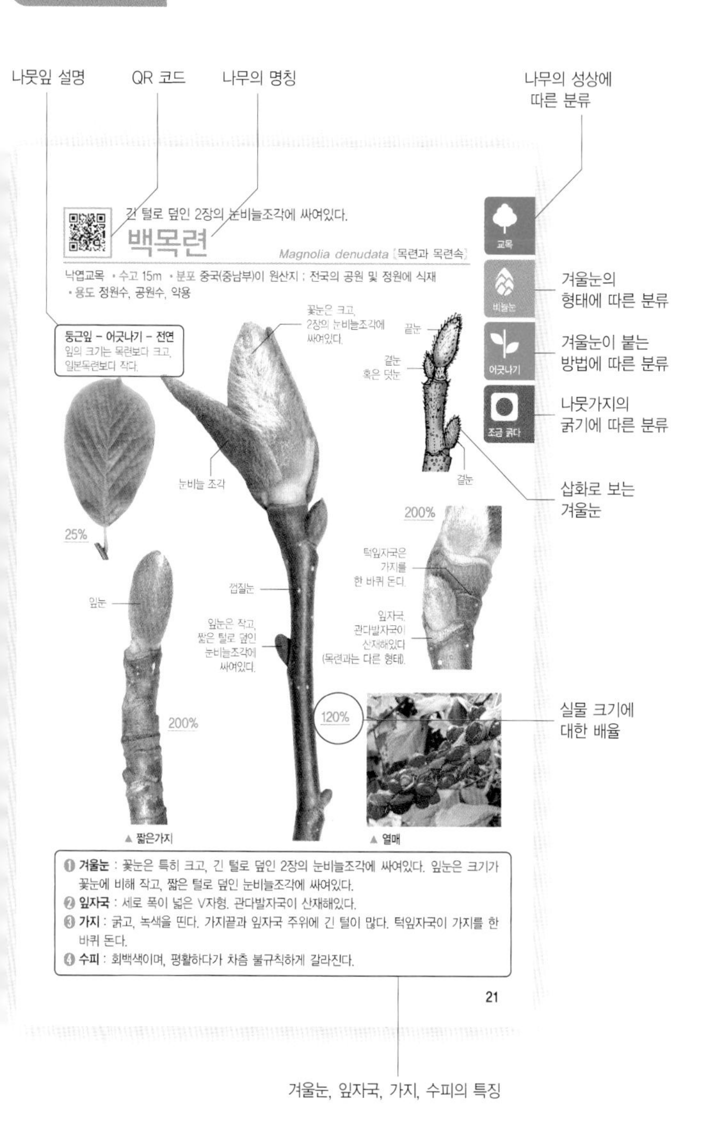

나뭇잎 설명
QR 코드
나무의 명칭
나무의 성상에 따른 분류
겨울눈의 형태에 따른 분류
겨울눈이 붙는 방법에 따른 분류
나뭇가지의 굵기에 따른 분류
삽화로 보는 겨울눈
실물 크기에 대한 배율
겨울눈, 잎자국, 가지, 수피의 특징
긴 털로 덮인 2장의 눈비늘조각에 싸여있다.
백목련
Magnolia denudata [목련과 목련속]
낙엽교목 • 수고 15m • 분포 중국(중남부)이 원산지 ; 전국의 공원 및 정원에 식재
• 용도 정원수, 공원수, 약용
교목
비늘눈
어긋나기
조금 굵다
둥근잎 – 어긋나기 – 전연
잎의 크기는 목련보다 크고, 일본목련보다 작다.
꽃눈은 크고, 2장의 눈비늘조각에 싸여있다.
끝눈
곁눈 혹은 덧눈
곁눈
눈비늘 조각
25%
200%
털잎자국은 가지를 한 바퀴 돈다.
껍질눈
잎눈
잎눈은 작고, 짧은 털로 덮인 눈비늘조각에 싸여있다.
잎자국, 관다발자국이 산재해있다 (목련과는 다른 형태).
200%
120%
▲ 짧은가지
▲ 열매
❶ 겨울눈 : 꽃눈은 특히 크고, 긴 털로 덮인 2장의 눈비늘조각에 싸여있다. 잎눈은 크기가 꽃눈에 비해 작고, 짧은 털로 덮인 눈비늘조각에 싸여있다.
❷ 잎자국 : 세로 폭이 넓은 V자형. 관다발자국이 산재해있다.
❸ 가지 : 굵고, 녹색을 띤다. 가지끝과 잎자국 주위에 긴 털이 많다. 털잎자국이 가지를 한 바퀴 돈다.
❹ 수피 : 회백색이며, 평활하다가 차츰 불규칙하게 갈라진다.
21

검색마크 설명

1 나무의 성상

나무의 형태에 따라 교목, 소교목, 관목, 덩굴나무의 4종류로 구분하였다.

- 교목 : 성장하면 수고가 8m 이상이고, 주간과 가지의 구별이 비교적 뚜렷한 목본식물
- 소교목 : 교목 중에서 수고가 대략 3~8m 정도의 비교적 소형 목본식물
- 관목 : 주간과 가지의 구별이 확실하지 않고 지면에서부터 많은 가지가 나오며, 수고 0.3~3m 정도의 목본식물
- 덩굴나무 : 줄기가 곧게 서지 못하고 다른 식물이나 물체를 휘감고 생장하는 식물

2 겨울눈의 종류

겨울눈의 형태에 따라 비늘눈, 맨눈, 묻힌눈의 3종류로 구분하였다.

- 비늘눈 : 눈비늘조각으로 덮인 겨울눈
- 맨눈 : 눈비늘조각이 없는 겨울눈. 보통 털로 덮여있다.
- 묻힌눈 : 잎자국이나 그 부근의 가지 속에 숨어서 외부에서 잘 보이지 않는 겨울눈

3 겨울눈이 붙는 방법

겨울눈이 나뭇가지에 붙는 방법으로 어긋나기와 마주나기로 구분하였다.

- 어긋나기 : 겨울눈이 가지의 좌우에 어긋나게 붙은 것
- 마주나기 : 겨울눈이 가지의 양쪽에 마주 붙은 것

4 가지의 굵기

가지의 굵기를 4단계로 분류하였다.

지름 12mm 전후

지름 6mm 전후

지름 3mm 전후

지름 1.5mm 전후

검색표

성상	눈의 종류	붙는 방법	기호	쪽	수종
교목 A	비늘눈	어긋나기	A-1	p. 14~76	호두나무 등 63종
		마주나기	A-2	p. 77~90	오동나무 등 14종
	맨 눈	어긋나기	A-3	p. 91~96	산검양옻나무 등 6종
		마주나기	A-4	p. 97	말채나무
	묻힌눈	어긋나기	A-5	p. 98~100	아까시나무 등 3종

성상	눈의 종류	붙는 방법	기호	쪽	수종
소교목 B	비늘눈	어긋나기	B-1	p. 102~117	함박꽃나무 등 16종
		마주나기	B-2	p. 118~123	참빗살나무 등 6종
	맨 눈	어긋나기	B-3	p. 124~128	개옻나무 등 5종
		마주나기	B-4	p. 129~130	누리장나무 등 2종

성상	눈의 종류	붙는 방법	기호	쪽	수종
관목 C	비늘눈	어긋나기	C-1	p. 132~164	두릅나무 등 33종
		마주나기	C-2	p. 165~186	나무수국 등 22종
	맨 눈	어긋나기	C-3	p. 187~192	뜰보리수 등 6종
		마주나기	C-4	p. 193~197	수국 등 5종
	묻힌눈	어긋나기	C-5	p. 198	고광나무

성상	눈의 종류	붙는 방법	기호	쪽	수종
덩굴식물 D	비늘눈	어긋나기	D-1	p. 200~206	머루 등 7종
		마주나기	D-2	p. 207	능소화
	묻힌눈	어긋나기	D-3	p. 208	다래

교목 (A)

A-1 비늘눈

【 어긋나기 】

호두나무 p. 14	음나무 p. 15	가죽나무 p. 16	멀구슬나무 p. 17	일본목련 p. 18	벽오동 p. 19
굴피나무 p. 20	백목련 p. 21	백합나무 p. 22	무환자나무 p. 23	양버들 p. 24	양버즘나무 p. 25	참죽나무 p. 26
은행나무 p. 27	이나무 p. 28	마가목 p. 29	산사나무 p. 30	갈참나무 p. 31	굴참나무 p. 32	떡갈나무 p. 33
신갈나무 p. 34	사과나무 p. 35	망개나무 p. 36	헛개나무 p. 37	물오리나무 p. 38	감나무 p. 39	느릅나무 p. 40
시무나무 p. 41	조구나무 p. 42	두충 p. 43	목련 p. 44	별목련 p. 45	밤나무 p. 46	뽕나무 p. 47
귀룽나무 p. 48	모과나무 p. 49	산벚나무 p. 50	왕벚나무 p. 51	팥배나무 p. 52	풍나무 p. 53	상수리나무 p. 54
졸참나무 p. 55	층층나무 p. 56	조각자나무 p. 57	주엽나무 p. 58	피나무 p. 59	고욤나무 p. 60	은사시나무 p. 61

교목 (A)

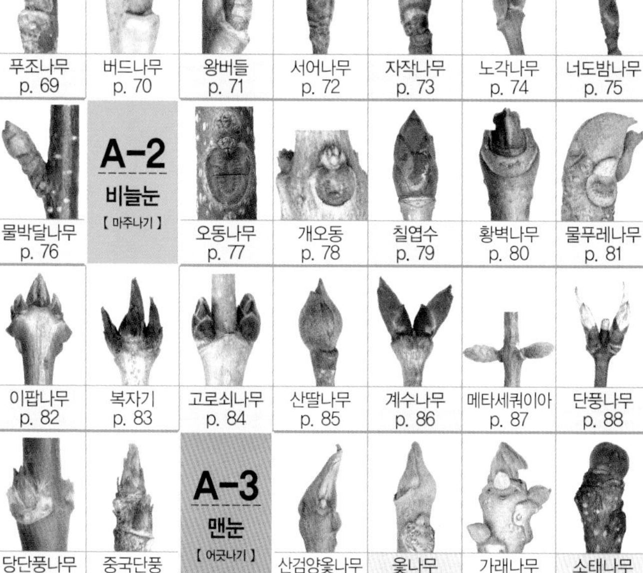

이태리포플러 p. 62
수양버들 p. 63
낙우송 p. 64
비목나무 p. 65
느티나무 p. 66
참느릅나무 p. 67
팽나무 p. 68
푸조나무 p. 69
버드나무 p. 70
왕버들 p. 71
서어나무 p. 72
자작나무 p. 73
노각나무 p. 74
너도밤나무 p. 75
물박달나무 p. 76

A-2
비늘눈
【 마주나기 】

오동나무 p. 77
개오동 p. 78
칠엽수 p. 79
황벽나무 p. 80
물푸레나무 p. 81
이팝나무 p. 82
복자기 p. 83
고로쇠나무 p. 84
산딸나무 p. 85
계수나무 p. 86
메타세쿼이아 p. 87
단풍나무 p. 88
당단풍나무 p. 89
중국단풍 p. 90

A-3
맨눈
【 어긋나기 】

산검양옻나무 p. 91
옻나무 p. 92
가래나무 p. 93
소태나무 p. 94

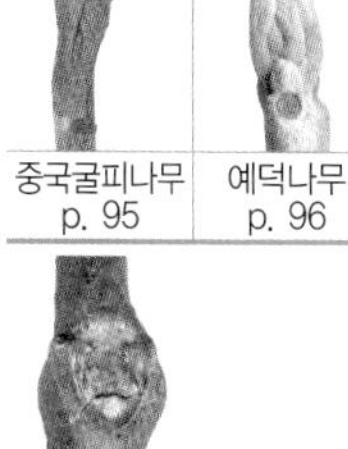

중국굴피나무 p. 95
예덕나무 p. 96

A-4
맨눈
【 마주나기 】

말채나무 p. 97

A-5
묻힌눈
【 어긋나기 】

아까시나무 p. 98
자귀나무 p. 99
회화나무 p. 100

소교목 (B)

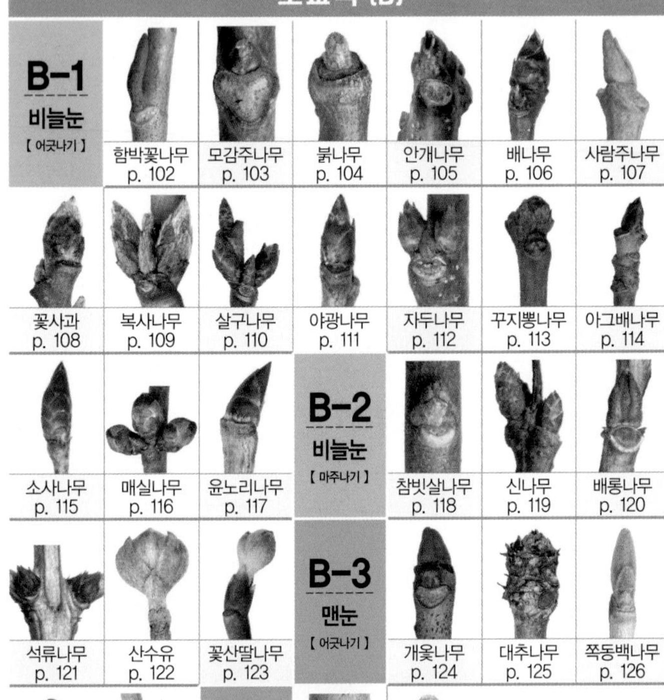

풍년화
p. 127

때죽나무
p. 128

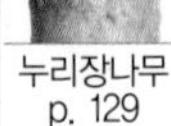

누리장나무
p. 129

쉬나무
p. 130

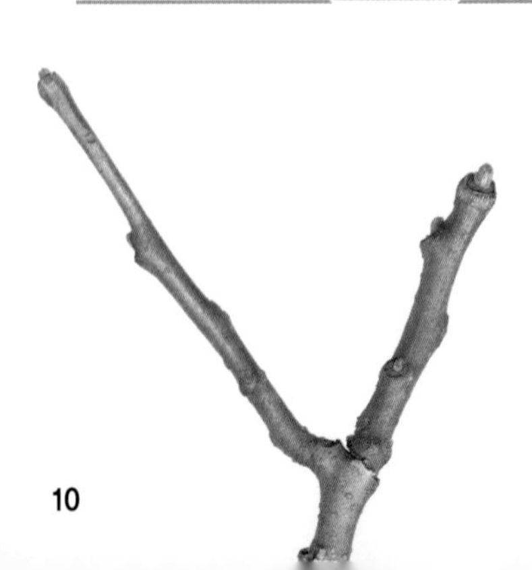

관목 (C)

C-1 비늘눈
【 어긋나기 】

두릅나무 p. 132	무화과나무 p. 133	모란 p. 134	탱자나무 p. 135	족제비싸리 p. 136	감태나무 p. 137
생강나무 p. 138	오갈피나무 p. 139	박쥐나무 p. 140	갯버들 p. 141	쉬땅나무 p. 142	장미 p. 143
콩배나무 p. 144	해당화 p. 145	히어리 p. 146	진달래 p. 147	박태기나무 p. 148	산딸기 p. 149
산초나무 p. 150	구기자나무 p. 151	낙상홍 p. 152	노린재나무 p. 153	매자나무 p. 154	개암나무 p. 155
싸리 p. 156	국수나무 p. 157	명자나무 p. 158	앵도나무 p. 159	조팝나무 p. 160	찔레꽃 p. 161
황매화 p. 162	철쭉 p. 163	골담초 p. 164			

C-2 비늘눈
【 마주나기 】

나무수국 p. 165	딱총나무 p. 166	말오줌나무 p. 167	납매 p. 168	개나리 p. 169	라일락 p. 170
말발도리 p. 171	가막살나무 p. 172	백당나무 p. 173	병꽃나무 p. 174	병아리꽃나무 p. 175	고추나무 p. 176
괴불나무 p. 177					

관목 (C)

갈매나무 p. 178

화살나무 p. 179

좀목형 p. 180

미선나무 p. 181

영춘화 p. 182

쥐똥나무 p. 183

키버들 p. 184

빈도리 p. 185

덜꿩나무 p. 186

C-3
맨눈
【 어긋나기 】

뜰보리수 p. 187

무궁화 p. 188

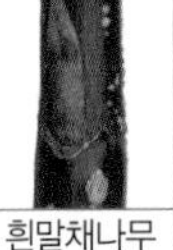
흰말채나무 p. 189

삼지닥나무 p. 190

초피나무 p. 191

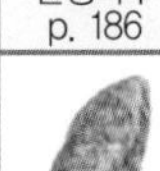
보리수나무 p. 192

C-4
맨눈
【 마주나기 】

수국 p. 193

산수국 p. 194

분꽃나무 p. 195

팥꽃나무 p. 196

작살나무 p. 197

C-5
묻힌눈
【 마주나기 】

고광나무 p. 198

덩굴나무 (D)

D-1
비늘눈
【 어긋나기 】

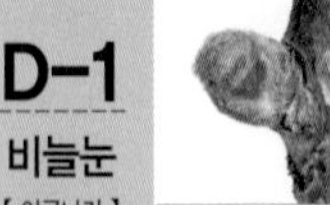

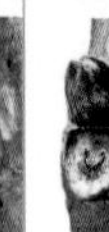
머루 p. 200

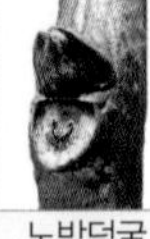
노박덩굴 p. 201

으름덩굴 p. 202

등 p. 203

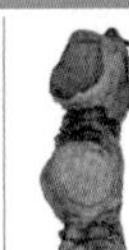

담쟁이덩굴 p. 204

칡 p. 205

포도 p. 206

D-2
비늘눈
【 마주나기 】

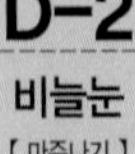
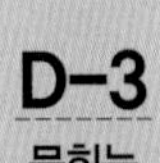
능소화 p. 207

D-3
묻힌눈
【 어긋나기 】

다래 p. 208

Chapter 01

고목

성장하면 수고가 8m 이상이고, 주간과 가지의 구별이 비교적 뚜렷한 목본식물

끝눈과 수꽃의 꽃눈은 원추형이다.

호두나무

Juglans regia 【가래나무과 가래나무속】

• 낙엽교목 • 수고 20m • 분포 중국 및 서남아시아가 원산지 ; 전국적으로 재배
• 용도 열매 식용, 가구재, 기구재, 공예재

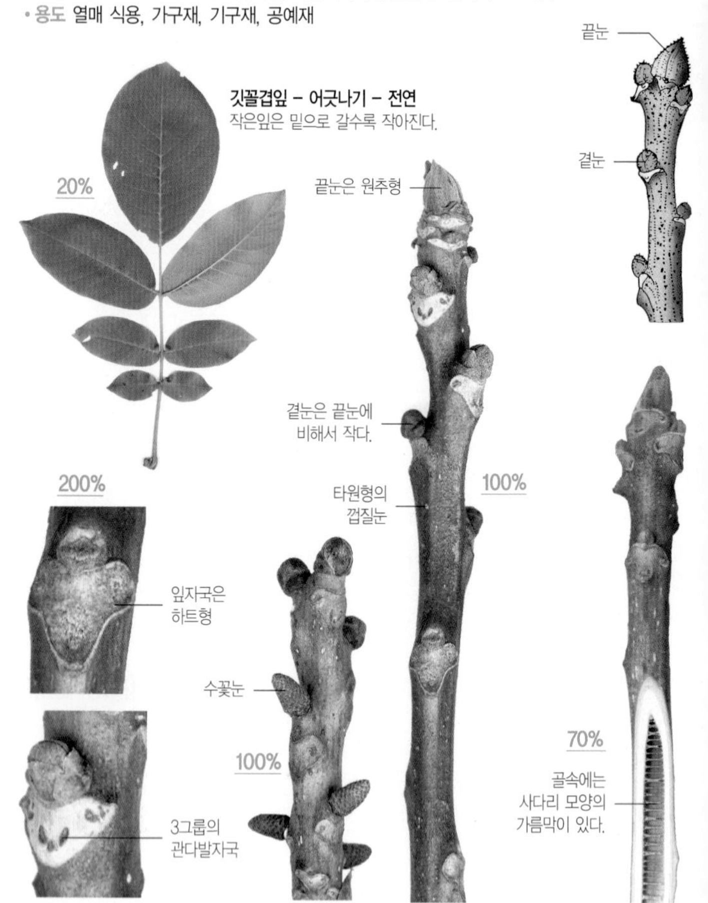

❶ **겨울눈** : 끝눈과 수꽃의 꽃눈은 원추형이며, 2~3장의 눈비늘조각에 싸여있다. 암꽃차례의 꽃눈은 맨눈이다.
❷ **잎자국** : 크고, 하트형이다. 3그룹의 관다발자국이 있다.
❸ **가지** : 녹갈색 또는 회갈색이며, 광택이 난다. 긴 타원형의 껍질눈이 많다.
❹ **수피** : 회백색 또는 짙은 회백색이며, 점차 깊게 갈라진다.

눈비늘은 자갈색이며, 광택이 난다.

음나무 *Kalopanax septemlobus* 【두릅나무과 음나무속】

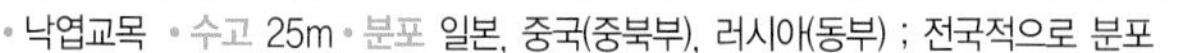

• 낙엽교목 • 수고 25m • 분포 일본, 중국(중북부), 러시아(동부) ; 전국적으로 분포
• 용도 식용, 약용

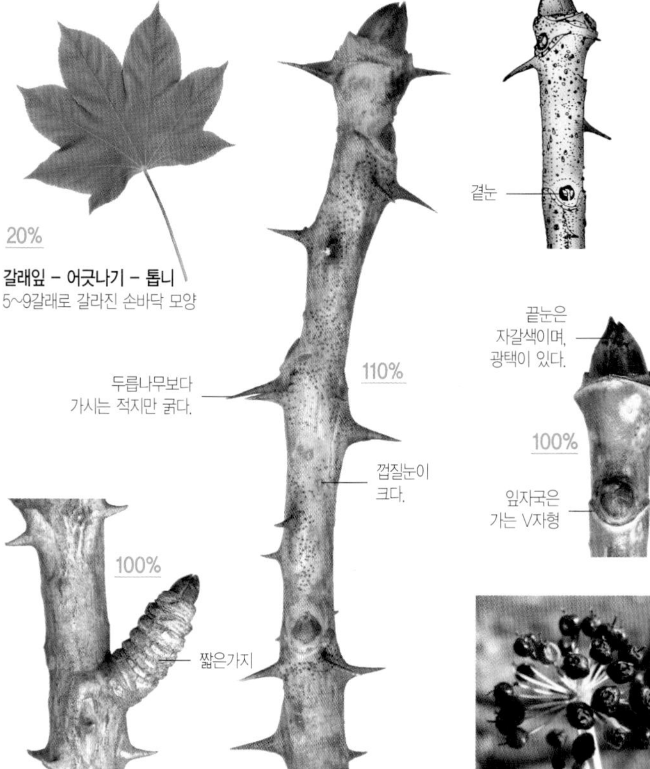

▲ 열매

❶ **겨울눈** : 끝눈은 반구형~원추형이며, 2~3장의 눈비늘조각에 싸여있다. 눈비늘은 자갈색이고, 광택이 난다.
❷ **잎자국** : V자형이고, 가지의 반 정도를 돈다. 관다발자국은 9~15개
❸ **가지** : 햇가지에는 털이 빽빽하지만, 곧 없어진다. 날카로운 가시와 둥근 껍질눈이 많다.
❹ **수피** : 회백색이다가 차츰 짙은 흑회색으로 변한다.

겨울눈은 가지나 잎자국에 비해 크기가 작다.

가죽나무

Ailanthus altissima 【소태나무과 가죽나무속】

낙엽교목 • 수고 20m • 분포 중국, 인도, 인도네시아, 말레이시아 등 ; 평양 이남의 마을 근처에 식재 • 용도 가로수, 건축재, 가구재

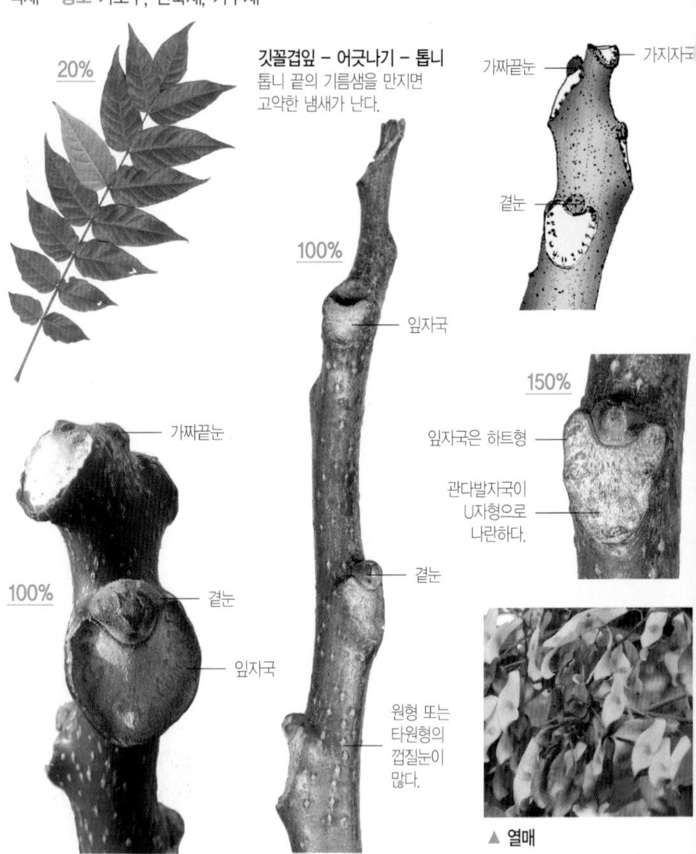

▲ 열매

❶ **겨울눈** : 조금 일그러진 반구형이고, 가지의 굵기나 잎자국에 비해 작다. 2~3장의 눈비늘 조각에 싸여있다.

❷ **잎자국** : 크고 하트형이며, 조금 융기한다. 관다발자국은 9~15개

❸ **가지** : 아주 굵고 적갈색이며, 털이 없다. 흰색의 타원형~원형의 껍질눈이 많다.

❹ **수피** : 회색이고, 매끄럽다. 주름 모양의 껍질눈이 있고, 굵어지면 불규칙하게 세로로 갈라지는 무늬가 생긴다.

잎자국이 크고, T자형이다.

멀구슬나무

Melia azedarach
【멀구슬나무과 멀구슬나무속】

낙엽교목 • 수고 15m • 분포 중국, 대만, 인도, 네팔, 말레이시아~호주 북부, 솔로몬 제도 ; 전남, 경남 및 제주도의 민가 주변 • 용도 조경수, 가로수, 가구재

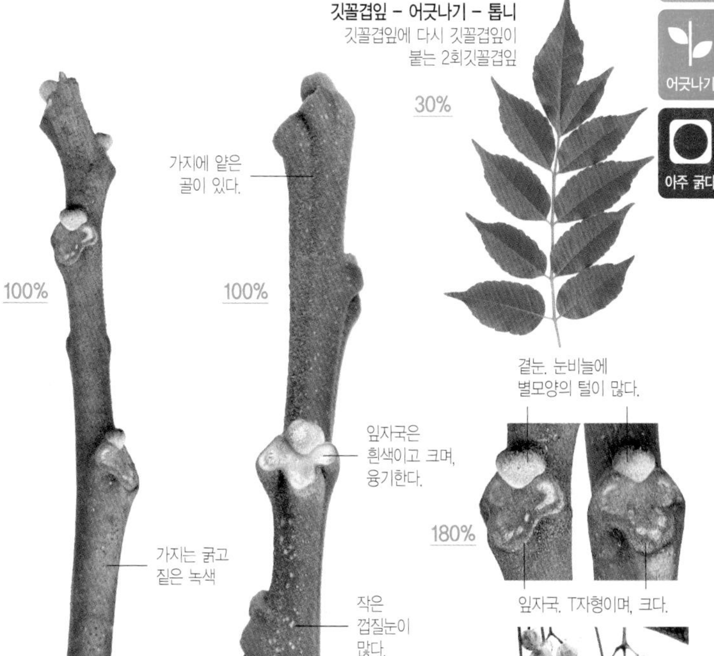

▲ 열매

❶ **겨울눈** : 조금 일그러진 반구형이며, 별모양의 털이 빽빽하다. 눈비늘조각은 3장이지만, 털이 많이 나있어서 구별하기 어렵다.

❷ **잎자국** : 크고 T자형이며, 융기한다. 관다발자국은 3개

❸ **가지** : 어릴 때는 녹색이며, 차츰 갈색으로 변한다. 굵어지면서 작은 껍질눈이 많이 생긴다. 얕은 골이 있다.

❹ **수피** : 적갈색이고, 세로로 잘게 갈라지며, 껍질눈이 많다.

끝눈은 초대형이다.

일본목련

Magnolia obovata 【목련과 목련속】

낙엽교목 •수고 20m •분포 일본이 원산지 ; 중부 이남에 조경수로 식재
•용도 조경수, 건축재, 가구재, 식용

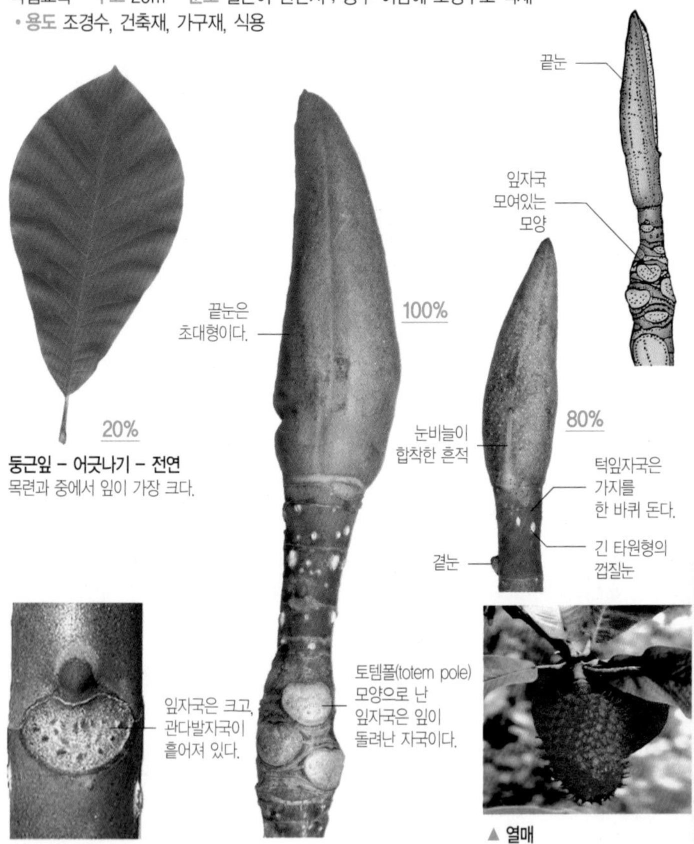

둥근잎 – 어긋나기 – 전연
목련과 중에서 잎이 가장 크다.

▲ **열매**

● 목련과의 겨울눈은 턱잎 2장과 잎자루가 합쳐져서 눈비늘을 이루고 있다. 이른 봄에 겨울눈이 전개됨에 따라 턱잎이 떨어진 흔적을 턱잎자국이라 한다.

❶ **겨울눈** : 끝눈은 아주 커서, 겨울눈만으로도 충분히 구별이 가능하다. 털이 없는 2장의 가죽질 눈비늘조각에 싸여있다. 곁눈은 작다.
❷ **잎자국** : 하트형~타원형이며, 여러 개의 관다발자국이 흩어져있다.
❸ **가지** : 녹색 또는 자색을 띤다. 턱잎자국은 가지를 한 바퀴 돈다.
❹ **수피** : 회백색이며, 밋밋하고, 껍질눈이 많다.

잎자국 좌우에 턱잎자국이 있다.

벽오동

Firmiana simplex 【벽오동과 벽오동속】

낙엽교목 • 수고 15m • 분포 중국이 원산지이며 대만, 일본 ; 전국의 공원 및 정원에 조경수로 식재 • 용도 조경수, 섬유 자원, 식용(차)

교목

비늘눈

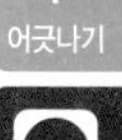
어긋나기

아주 굵다

▲ 열매

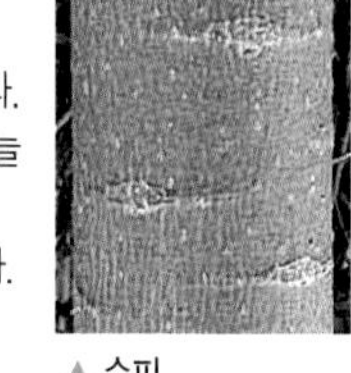

▲ 수피

❶ **겨울눈** : 끝눈은 반구형이며, 10~16장의 눈비늘조각에 싸여있다. 곁눈은 구형이고, 작다. 갈색의 짧은 털로 덮인 여러 개의 눈비늘조각에 싸여있다.

❷ **잎자국** : 크고, 원형~타원형이다. 잎자국 좌우에 턱잎자국이 있다.

❸ **가지** : 아주 굵고 녹색이며, 털은 없다.

❹ **수피** : 녹색이고 평활하며, 굵어질수록 회색으로 변한다.

끝눈은 곁눈에 비해 아주 크다.

굴피나무 *Platycarya strobilacea* 【가래나무과 굴피나무속】

낙엽교목 • 수고 12m • 분포 일본, 대만, 중국, 베트남 ; 경기 이남의 산지, 남부 지역으로 갈수록 많음 • 용도 수피 염료, 약용, 가로수, 조경수, 가구재

깃꼴겹잎 – 어긋나기 – 톱니
밑으로 갈수록 잎의 크기가 작아진다.

▲ 열매

❶ **겨울눈** : 달걀형 또는 넓은 달걀형이며, 끝이 뾰족하다. 끝눈은 곁눈에 비해 크다. 11~15개의 눈비늘조각에 싸여있다.
❷ **잎자국** : 하트형 또는 반원형이고, 관다발자국은 3그룹이 있다.
❸ **가지** : 굵고 갈색이며 부드러운 털이 있다. 타원형의 흰색 껍질눈이 있다.
❹ **수피** : 회색 또는 갈색이며, 세로로 얕게 갈라진다.

긴 털로 덮인 2장의 눈비늘조각에 싸여있다.

백목련

Magnolia denudata [목련과 목련속]

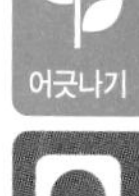

낙엽교목 • 수고 15m • 분포 중국(중남부)이 원산지 ; 전국의 공원 및 정원에 식재
• 용도 정원수, 공원수, 약용

둥근잎 – 어긋나기 – 전연
잎의 크기는 목련보다 크고, 일본목련보다 작다.

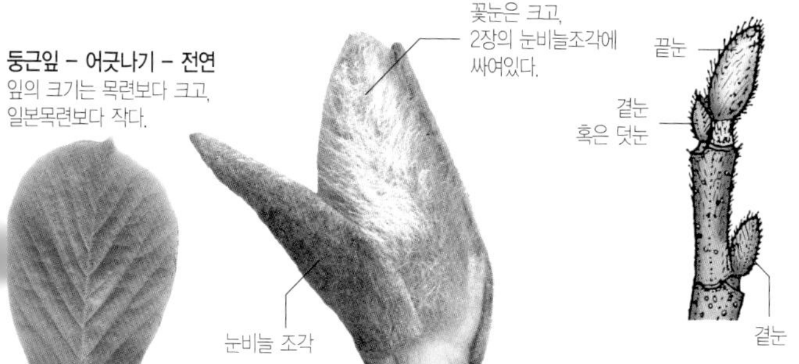

▲ 짧은가지

▲ 열매

❶ **겨울눈** : 꽃눈은 특히 크고, 긴 털로 덮인 2장의 눈비늘조각에 싸여있다. 잎눈은 크기가 꽃눈에 비해 작고, 짧은 털로 덮인 눈비늘조각에 싸여있다.

❷ **잎자국** : 세로 폭이 넓은 V자형. 관다발자국이 산재해있다.

❸ **가지** : 굵고, 녹색을 띤다. 가지끝과 잎자국 주위에 긴 털이 많다. 턱잎자국이 가지를 한 바퀴 돈다.

❹ **수피** : 회백색이며, 평활하다가 차츰 불규칙하게 갈라진다.

끝눈은 긴 타원형이며, 오리주둥이 모양

백합나무

Liriodendron tulipifera
【목련과 백합나무속】

낙엽교목 •수고 30m •분포 북아메리카가 원산지이며, 북미 동부 및 중부 ; 전국 식재
•용도 조경수, 가로수, 조림수, 밀원식물

25%

갈래잎 – 어긋나기 – 전연
잎몸은 반팔 T셔츠 모양이다.

120%

끝눈은 곁눈보다 크다.

털잎자국은 가지를 한 바퀴 돈다.

껍질눈은 작고, 원형이다.

곁눈

끝눈

곁눈

300%

잎자국은 둥글고, 작은 관다발자국이 흩어져있다.

150%

▲ 전개 중인 끝눈

150%

▲ 골속은 차 있고, 막(膜)으로 구분되어있다.

60%

▲ 열매

❶ **겨울눈** : 끝눈은 긴 타원형이며, 오리주둥이 모양이다. 털이 없는 2장의 눈비늘조각에 싸여있다. 덧눈이 있는 경우도 있다.
❷ **잎자국** : 원형이며, 관다발자국은 10개
❸ **가지** : 털이 없다. 턱잎자국은 가지를 한 바퀴 돈다. 골속에 격벽같은 막이 있다.
❹ **수피** : 회갈색이고, 세로로 얕게 갈라진다.

잎자국은 원숭이 얼굴 모양

무환자나무

Sapindus mukorossi
【무환자나무과 무환자나무속】

낙엽교목 • 수고 20m • 분포 중국, 대만, 일본 ; 제주도, 전라도 및 경상도에 식재 • 용도 관상수, 약용, 염주(종자), 비누 대용

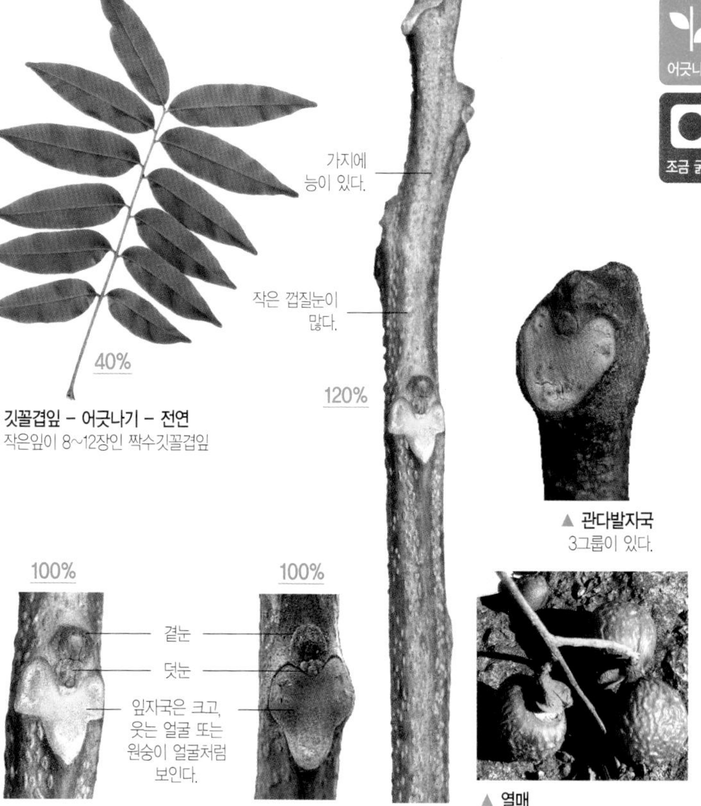

깃꼴겹잎 – 어긋나기 – 전연
작은잎이 8~12장인 짝수깃꼴겹잎

▲ **관다발자국**
3그룹이 있다.

▲ **열매**

❶ **겨울눈** : 반구형 또는 원추형이고, 잎자국에 비해 작다. 4장의 눈비늘조각에 싸여있다. 보통 덧눈이 붙는다.

❷ **잎자국** : 삼각형 또는 하트형이며, 원숭이 얼굴과 비슷한 모양이다. 관다발자국은 3그룹으로 나뉘어있다.

❸ **가지** : 녹갈색이며, 껍질눈이 많고, 모가 져있다.

❹ **수피** : 회백색이고, 평활하다.

곁눈은 가지에 바짝 붙어서 난다.

양버들

Populus nigra【버드나무과 사시나무속】

낙엽교목 • 수고 30m • 분포 유럽이 원산지 ; 전국의 하천 및 마을 주변
• 용도 가로수, 산업용재

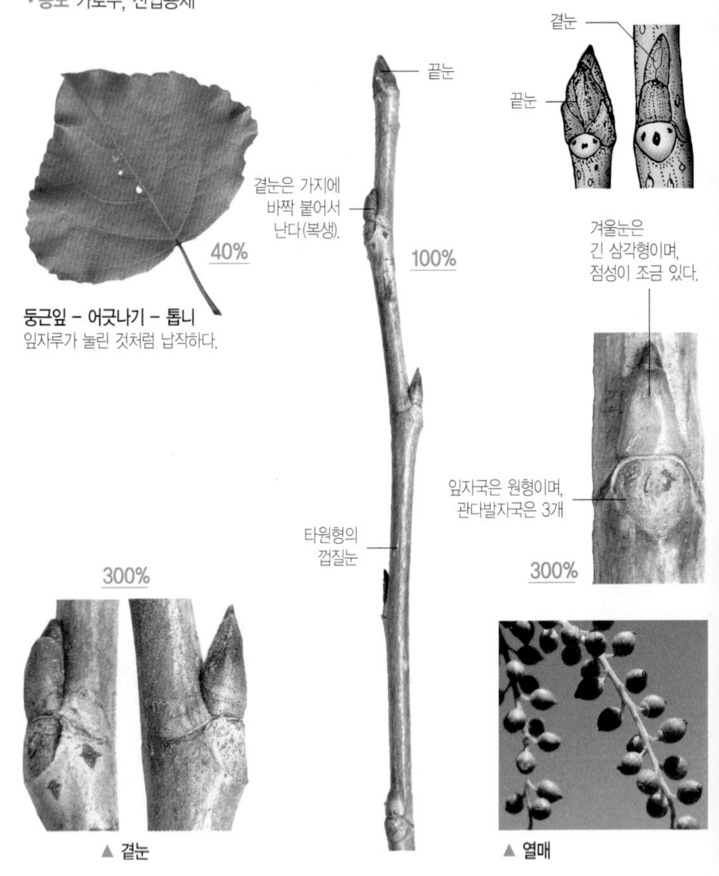

▲ 곁눈

▲ 열매

❶ **겨울눈** : 긴 원뿔형이며, 끝이 뾰족하고, 약간 점성이 있다. 5~6장의 눈비늘조각에 싸여 있다.

❷ **잎자국** : 거의 원형 또는 반원형이며, 관다발자국은 3개

❸ **가지** : 수간을 따라 수직으로 하늘을 향해 자란다. 타원형 또는 긴 타원형의 껍질눈이 많다.

❹ **수피** : 흑갈색이며, 세로로 깊게 갈라진다.

겨울눈은 잎자루 밑부분에 들어있다.

양버즘나무

Platanus occidentalis
【버즘나무과 버즘나무속】

어긋나기

낙엽교목 • 수고 40~50m • 분포 북아메리카(동부)가 원산지 ; 전국적으로 가로수 및 공원수로 식재 • 용도 가로수, 녹음수

20%

갈래잎 – 어긋나기 – 톱니
잎 밑부분에서 3개의 잎맥이 뻗어있다.

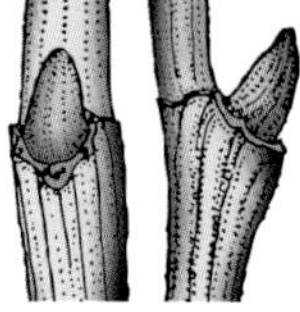

▲ 곁눈

눈비늘은 1장이며, 눈이 나올 때 모자 모양으로 벗겨진다.

선(線) 모양의 턱잎자국이 가지를 한 바퀴 돈다.

100%

▲ 수피

잎자국은 겨울눈을 감싼다.

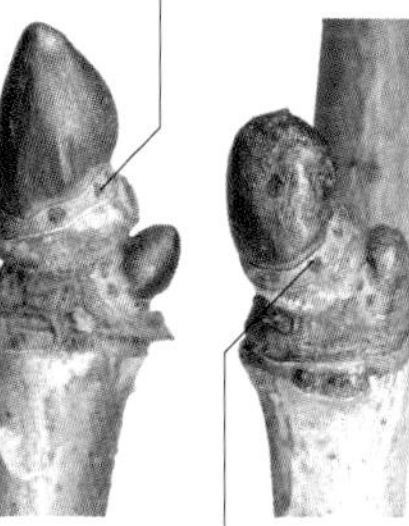

200%

관다발자국은 5~7그룹이 있다.

▲ 열매

❶ **겨울눈** : 달갈형이며, 털이 없다. 1장의 눈비늘조각에 싸여있다. 잎이 떨어질 때까지 겨울눈은 잎자루의 밑부분에 들어있다(엽병내아).
❷ **잎자국** : 겨울눈을 U자형 또는 O자형으로 둘러싼다. 관다발자국은 5~7그룹이 있다.
❸ **가지** : 황갈색이고 털이 없으며, 작은 껍질눈이 많다.
❹ **수피** : 암갈색이며, 세로로 갈라지면서 떨어져 얼룩무늬를 나타낸다.

잎자국은 가운데가 오목 들어간 하트형~원형이다.

참죽나무

Cedrela sinensis 【멀구슬나무과 참죽나무속】

낙엽교목 • 수고 20~30m • 분포 중국, 부탄, 인도, 인도네시아, 말레이시아, 네팔, 태국 등 ; 평남 이남의 마을 근처에 식재 • 용도 식용, 가구재, 건축재, 기구재, 악기재

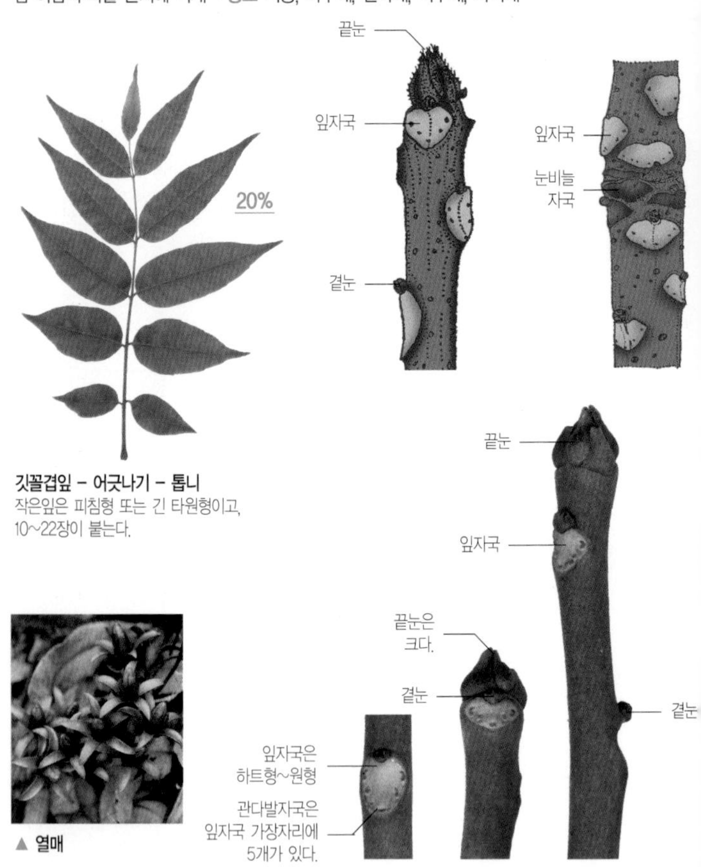

깃꼴겹잎 – 어긋나기 – 톱니
작은잎은 피침형 또는 긴 타원형이고, 10~22장이 붙는다.

▲ 열매

❶ **겨울눈** : 끝눈은 크고 원추형~오각추형이며, 4~7장의 눈비늘조각에 싸여있다. 곁눈은 작고, 구형이다.

❷ **잎자국** : 가운데가 오목 들어간 하트형~원형이며, 끝눈 가까이에 많이 분포한다. 관다발자국은 5개

❸ **가지** : 갈색~회갈색이며, 털은 없다. 껍질눈은 크고 적갈색이다.

❹ **수피** : 외피가 갈라져서, 붉은색 껍질이 나타난다.

관다발자국이 2개인 것이 특징이다.

은행나무

Ginkgo biloba 【은행나무과 은행나무속】

낙엽교목 • 수고 60m • 분포 중국이 원산지 ; 전국적으로 가로수, 공원수로 식재
• 용도 가로수, 공원수, 열매 식용, 잎 약용, 바둑판, 가구재

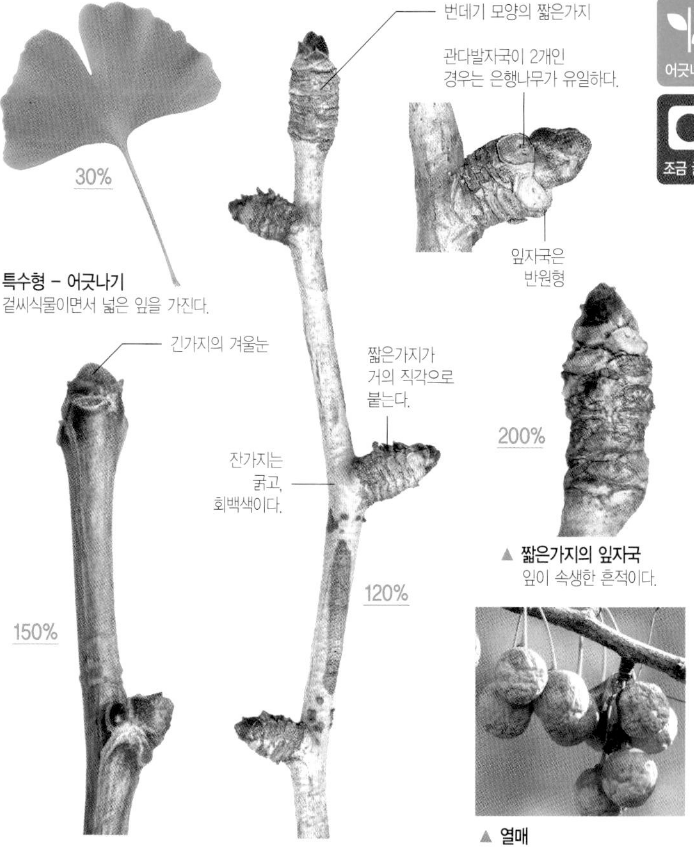

▲ **짧은가지의 잎자국**
잎이 속생한 흔적이다.

▲ **열매**

❶ **겨울눈** : 반구형이고, 끝은 약간 뾰족하다. 5~6장의 눈비늘조각에 싸여있다.
❷ **잎자국** : 반원형이며, 관다발자국이 2개인 것이 특징이다. 짧은가지의 잎자국은 차바퀴 모양으로 나란히 나 있다.
❸ **가지** : 굵고 짧은가지가 많으며, 털은 없다.
❹ **수피** : 회백색이며, 세로로 깊게 갈라진다. 코르크질이어서 탄력이 크다.

끝눈 표면에 수지가 있으며, 끈적끈적하다.

이나무

Idesia polycarpa 【이나무과 이나무속】

낙엽교목 • 수고 15m • 분포 중국, 대만, 일본 ; 전라도 및 제주도의 산지
• 용도 가구재, 공원수, 식이 식물, 숯

▲ 위에서 본 끝눈

▲ 묵은 열매

❶ **겨울눈** : 끝눈은 크고, 반구형이다. 눈비늘조각은 가늘고 긴 삼각형이며, 옆으로 나란하다. 표면은 수지가 있어서 광택이 나고, 끈적끈적하다. 눈비늘조각은 7~10장

❷ **잎자국** : 원형~반원형이며, 크다.

❸ **가지** : 짙은 갈색이며, 껍질눈이 많다. 가지가 차바퀴처럼 수간 주위를 돌아가며 난다.

❹ **수피** : 회백색이며, 매끈하다. 갈색의 껍질눈이 있다.

눈비늘에 수지 성분이 있어 끈적끈적하다.

마가목

Sorbus commixta 【장미과 마가목속】

낙엽교목 • 수고 6~8m • 분포 러시아, 일본 ; 경상남북도 지역에 주로 분포
• 용도 조경수, 가로수, 약용

▲ 곁눈

깃꼴겹잎 – 어긋나기 – 톱니
작은잎 가장자리에 날카로운 톱니가 있다.

▲ 새순
말의 이빨 모양이다
(이름의 유래).

▲ 짧은가지

▲ 열매

❶ **겨울눈** : 큰 물방울형이며, 끝이 뾰족하고, 2~4장의 눈비늘조각에 싸여있다. 붉은색을 띠는 눈비늘조각은 수지 성분이 있어서 끈적끈적하다.
❷ **잎자국** : 초승달형~반월형이며, 융기한다. 관다발자국이 5개인 것이 특징이다.
❸ **가지** : 털은 없고, 붉은 빛을 띠며, 광택이 있다. 세로로 긴 껍질눈이 많다.
❹ **수피** : 어릴 때는 담갈색이고, 타원형의 껍질눈이 많다. 성목이 되면 암회색으로 변하면서 얕게 갈라진다.

가시로 변한 짧은가지가 많다.

산사나무

Crataegus pinnatifida 【장미과 산사나무속】

낙엽교목 • **수고** 6m • **분포** 중국(중부 이북), 극동러시아 ; 전국의 산지에 분포
• **용도** 조경수, 약용, 식용, 밀원식물

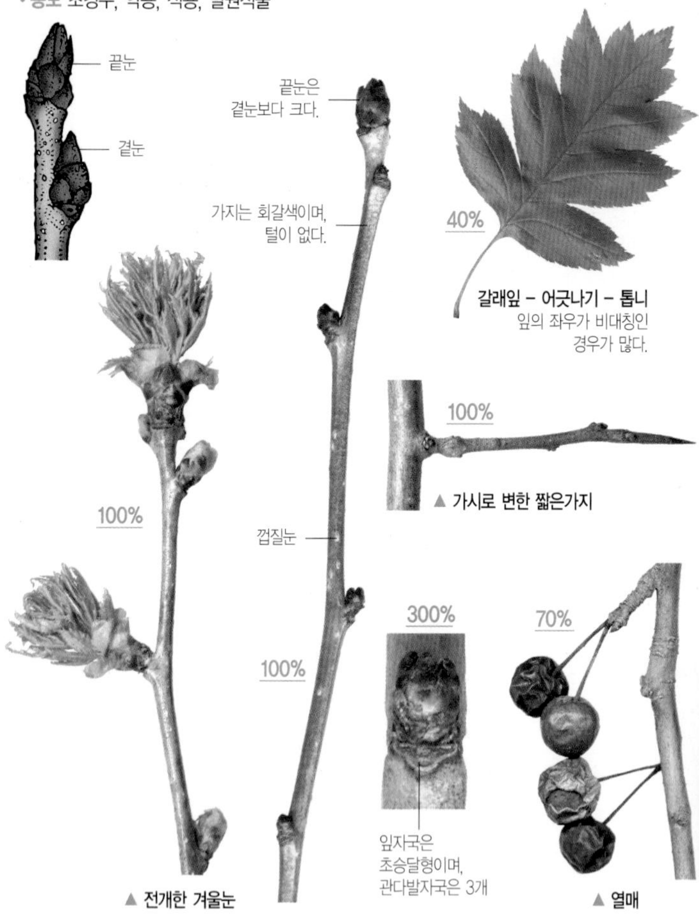

▲ 가시로 변한 짧은가지

▲ 전개한 겨울눈

▲ 열매

❶ **겨울눈** : 반구형이며, 끝눈은 곁눈보다 크다.
❷ **잎자국** : 초승달형이며, 융기한다. 관다발자국은 3개
❸ **가지** : 회갈색이며, 털이 없다. 날카로운 가시로 변한 짧은가지가 많다.
❹ **수피** : 회갈색이며, 노목에서는 불규칙하게 벗겨져서 얼룩반점이 나타난다.

끝눈 주위에 여러 개의 곁눈이 붙는다.

갈참나무

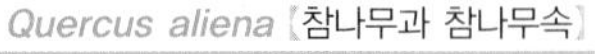

Quercus aliena 【참나무과 참나무속】

낙엽교목 • 수고 20~25m • 분포 동아시아 남부, 중국, 일본 ; 한반도 전역
• 용도 건축재, 가구재, 열매 식용, 숲

둥근잎 – 어긋나기 – 톱니
떡갈나무나 신갈나무에 비해 잎자루가 길다.

▲ 열매

1. **겨울눈** : 긴 달걀형이고, 눈비늘에는 털이 조금 있거나 없다. 끝눈 근처에 여러 개의 곁눈이 붙어있다(정생측아).
2. **잎자국** : 반원형이고, 관다발자국이 불규칙하게 산재해있다.
3. **가지** : 회갈색이고 털이 없으며, 껍질눈이 조금 있다.
4. **수피** : 회갈색 또는 흑갈색이고, 세로로 불규칙하게 갈라진다.

겨울눈은 20~30장의 눈비늘조각에 싸여있다.

굴참나무

Quercus variabilis 【참나무과 참나무속】

낙엽교목 • 수고 30m • 분포 일본, 대만, 중국, 베트남, 티벳 ; 제주도를 제외한 전역
• 용도 가구재, 선박재, 침목, 표고 골목, 열매 식용, 숯

▲ 열매

❶ **겨울눈** : 긴 달걀형이며, 끝이 뾰족하다. 20~30장의 눈비늘조각에 싸여있으며, 부드러운 털이 나 있다.

❷ **잎자국** : 반원형이며, 여러 개의 작은 관다발자국이 있다.

❸ **가지** : 회갈색이며, 부드러운 털이 있지만 점차 사라진다. 타원형의 껍질눈이 많다.

❹ **수피** : 흑회색이며, 코르크질이 두껍게 발달한다.

끝눈 주위에 여러 개의 곁눈이 붙는다(정생측아).

떡갈나무

Quercus dentata 【참나무과 참나무속】

낙엽교목 • 수고 20m • 분포 극동러시아, 일본, 대만, 중국, 몽고 ; 한반도 전역
• 용도 건축재, 가구재, 열매 식용, 사료

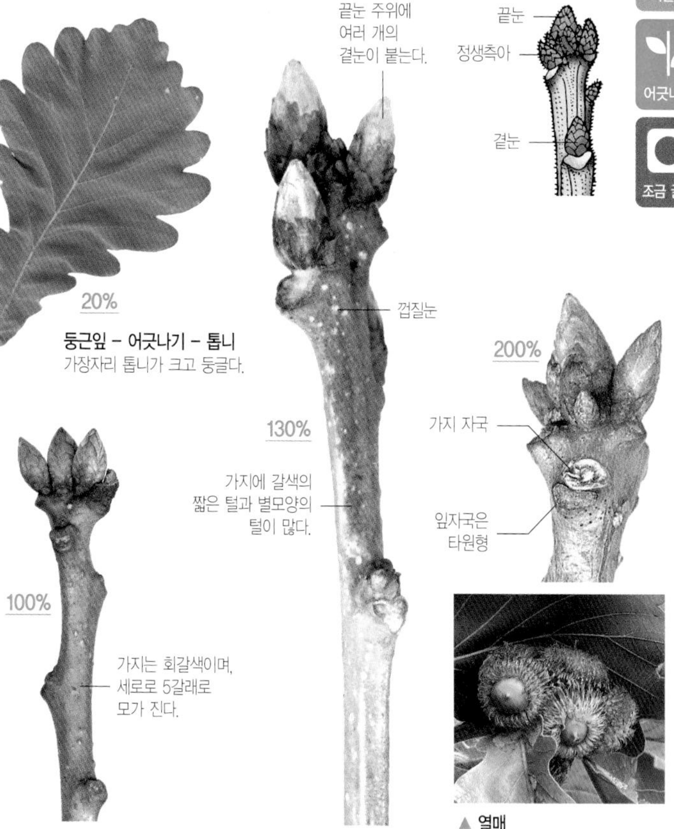

▲ 열매

❶ **겨울눈** : 물방울형이고, 끝이 뾰족하다. 단면은 5각형이며, 20~25장의 눈비늘조각에 싸여있다. 끝눈 근처에 여러 개의 곁눈이 빙 둘러 나있다(정생측아).
❷ **잎자국** : 타원형 또는 삼각형이고, 여러 개의 관다발자국이 흩어져있다.
❸ **가지** : 회갈색이며 세로로 모가 지고, 갈색의 털이 많다. 마른 잎은 겨울 동안에도 가지에 남아있다.
❹ **수피** : 회색 또는 회갈색이며, 요철이 크다.

끝눈 주위에 여러 개의 곁눈이 붙는다(정생측아).

신갈나무

Quercus mongolica 【참나무과 참나무속】

낙엽교목 •수고 30m •분포 극동러시아, 중국(중북부 이북) ; 한반도 전역
•용도 건축재, 가구재, 숯

둥근잎 – 어긋나기 – 톱니
잎자루가 아주 짧다.

▲ **열매**

❶ **겨울눈** : 물방울형~달걀형이며, 겨울눈의 단면은 5각형이다. 25~35장의 눈비늘조각이 겹쳐서 난다.

❷ **잎자국** : 반원형~콩팥형이며, 여러 개의 관다발자국이 산재해있다.

❸ **가지** : 세력이 좋은 가지는 바퀴살 모양으로 곁가지가 나온다. 처음에는 담갈색의 털과 둥근 껍질눈이 많다.

❹ **수피** : 졸참나무와 비슷하며, 종잇장처럼 얇게 벗겨진다.

겨울눈은 달걀형~원뿔형이며, 눈비늘조각에는 털이 밀생해있다.

사과나무

Malus pumila 【장미과 사과나무속】

낙엽교목 • 수고 5~15m • 분포 서아시아 원산, 세계각지에 분포 ; 전국적으로 재배
• 용도 식용, 관상용

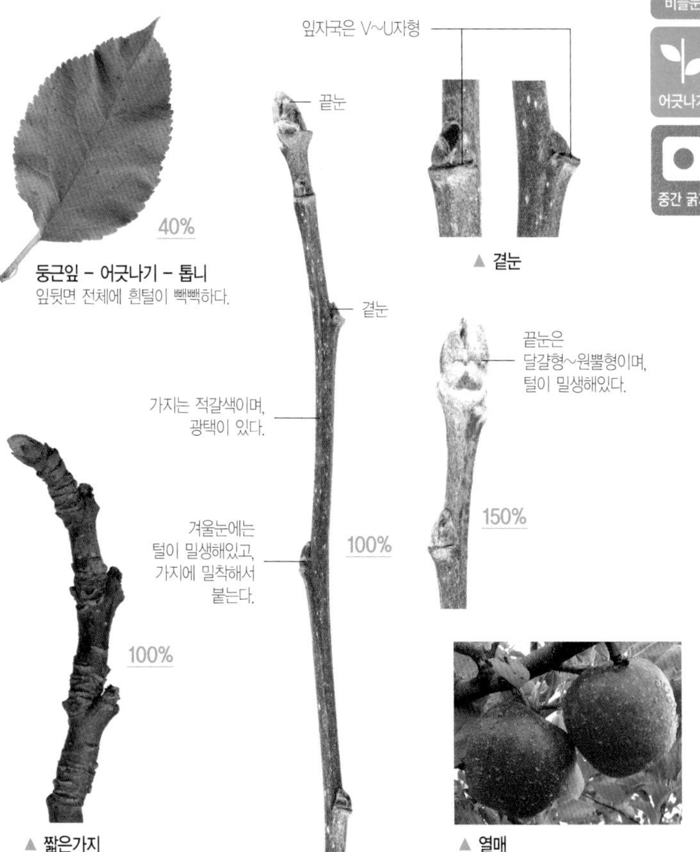

❶ **겨울눈** : 달걀형~원뿔형이며, 눈비늘조각에는 털이 밀생해있다. 겨울눈은 가지에 바짝 붙어서 난다(복생, 伏生).
❷ **잎자국** : V자형~U자형이며, 약간 융기한다. 3개 정도의 관다발자국이 있다.
❸ **가지** : 황갈색이고 광택이 있으며, 껍질눈이 흩어져 난다.
❹ **수피** : 회색~짙은 회색이며, 오래되면 세로로 불규칙하게 갈라진다.

곁눈은 가지에 바짝 붙어서 달린다.

망개나무

Berchemia berchemiaefolia
【갈매나무과 망개나무속】

낙엽교목 • 수고 15m • 분포 중국, 일본 ; 충북 속리산, 월악산, 경상북도 내연산 등의 계곡 및 산지 • 용도 조경수, 조각재, 기구재

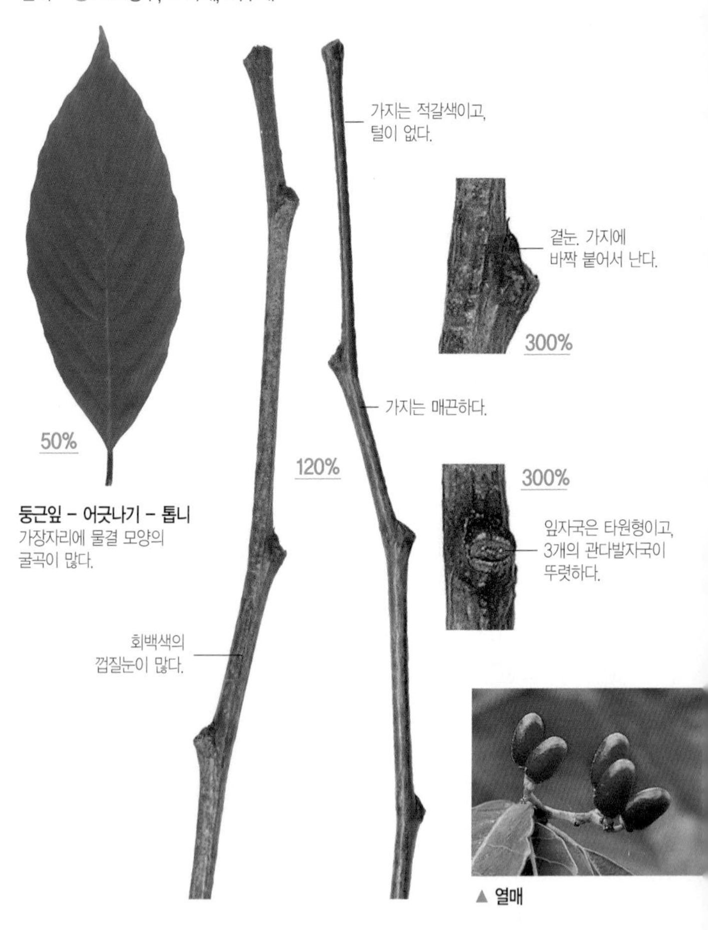

▲ 열매

❶ **겨울눈** : 납작한 반원형이고, 가지에 바짝 붙어서 달린다(복생, 伏生).
❷ **잎자국** : 타원형이고, 밑부분이 융기한다. 관다발자국은 3개가 뚜렷하다.
❸ **가지** : 1년생가지는 적갈색이며, 털이 없다. 회백색의 껍질눈이 많다.
❹ **수피** : 회흑색이고, 세로로 불규칙하게 갈라진다.

겨울눈은 한 마디 건너서 하나씩 붙는다.

헛개나무

Hovenia dulcis 【갈매나무과 헛개나무속】

낙엽교목 • 수고 10m • 분포 태국, 중국, 일본 ; 황해도 및 경기도 이남의 산지
• 용도 약용, 식용, 과실주, 건축재

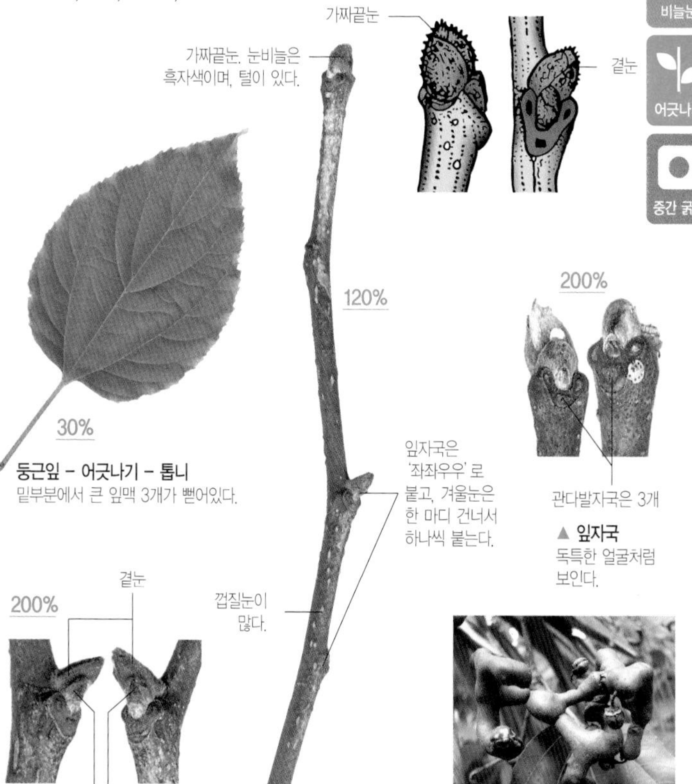

❶ **겨울눈** : 달걀형~구형이며, 2~3장의 눈비늘조각에 싸여있다. 가지 끝에 곁눈보다 조금 큰 가짜끝눈이 붙는다.

❷ **잎자국** : V자형~삼각형이고, 조금 융기한다. 관다발자국은 3개. 겨울눈이 없는 잎자국이 한 개씩 있다.

❸ **가지** : 검은빛을 띠고 털이 없으며, 광택이 있다. 긴 타원형의 껍질눈이 많다.

❹ **수피** : 흑갈색이며, 평활하고, 껍질눈이 발달한다. 세로로 얕게 갈라진다.

겨울눈은 타원 모양의 긴 달걀형이며, 아래쪽에 굵고 긴 눈자루가 있다.

물오리나무

Alnus hirsuta [자작나무과 오리나무속]

낙엽교목 • 수고 15~20m • 분포 시베리아, 중국, 만주, 일본, 극동러시아 ; 주로 백두대간에 분포, 사방공사 후 식재 • 용도 건축재, 가구재, 사방용 식재, 가축사료(잎)

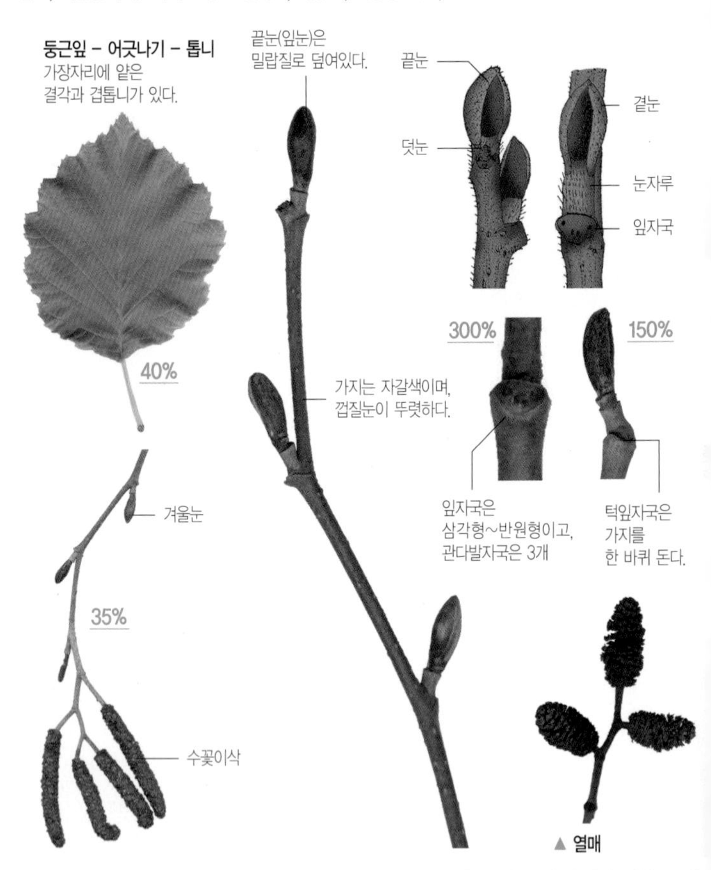

❶ **겨울눈** : 타원 모양의 긴 달걀형이며, 적갈색~짙은 자색을 띤다. 표면에 털이 나있고, 아래쪽에 굵고 긴 눈자루가 있다.

❷ **잎자국** : 삼각형~반원형이며, 3개의 관다발자국이 있다.

❸ **가지** : 자갈색이며, 털이 없고 껍질눈이 뚜렷하다. 햇가지는 짙은 갈색~자갈색을 띠며, 털이 많지만 차츰 없어진다.

❹ **수피** : 회갈색~흑갈색이며, 평활하다. 회색의 껍질눈이 있다.

가짜끝눈 옆에 반드시 가지자국이 있다.

감나무

Diospyros kaki 【감나무과 감나무속】

낙엽교목 • 수고 4m • 분포 중국(양쯔강 지역의 계곡)이 원산지 ; 경기도 이남에 식재
• 용도 열매 식용, 약용, 조경수, 가구재, 건축재, 조각재

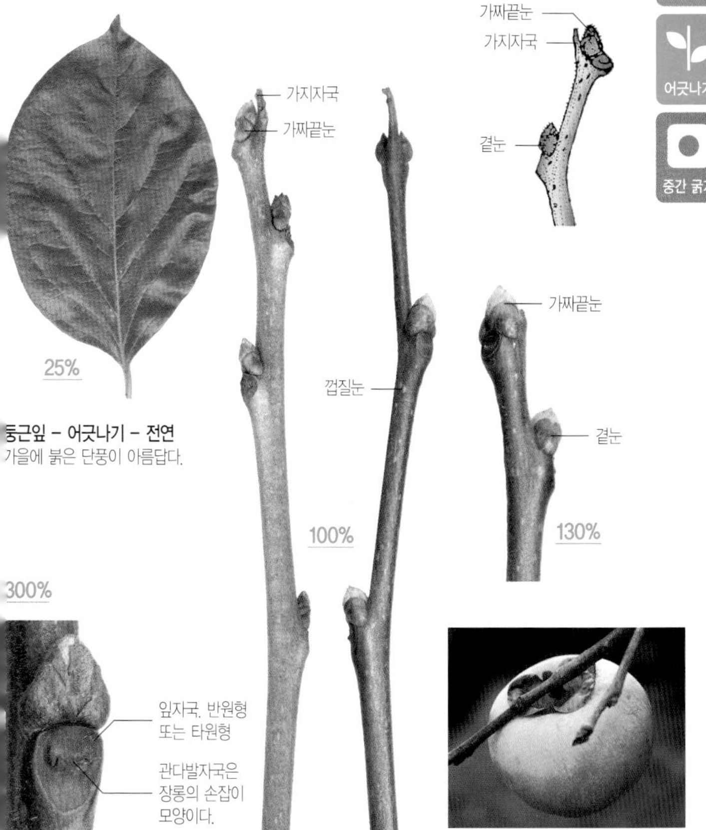

둥근잎 – 어긋나기 – 전연
가을에 붉은 단풍이 아름답다.

▲ 열매

❶ **겨울눈** : 세모진 달걀형이고, 끝이 뾰족하다. 눈비늘조각은 보통 4장이고, 짧은 털이 있다. 가지 끝에 가짜끝눈이 있다. 가짜끝눈은 곁눈과 거의 같은 크기이거나 조금 크다.

❷ **잎자국** : 반원형~타원형. 관다발자국은 1개이며, 조금 융기한다.

❸ **가지** : 갈색이고, 가짜끝눈 옆에 반드시 가지자국(枝痕)이 있다. 작고 흰 껍질눈이 많다.

❹ **수피** : 회갈색이며, 그물 모양으로 갈라진다.

잎눈은 달걀형~물방울형이며, 꽃눈은 크고 둥그스름하다.

느릅나무

Ulmus davidiana for. *japonica*
【느릅나무과 느릅나무속】

낙엽교목 • 수고 30m • 분포 중국, 일본 ; 한반도 전역
• 용도 건축재, 가구재, 선박재, 가로수, 정원수, 공원수, 표고버섯 골목, 약재(수피)

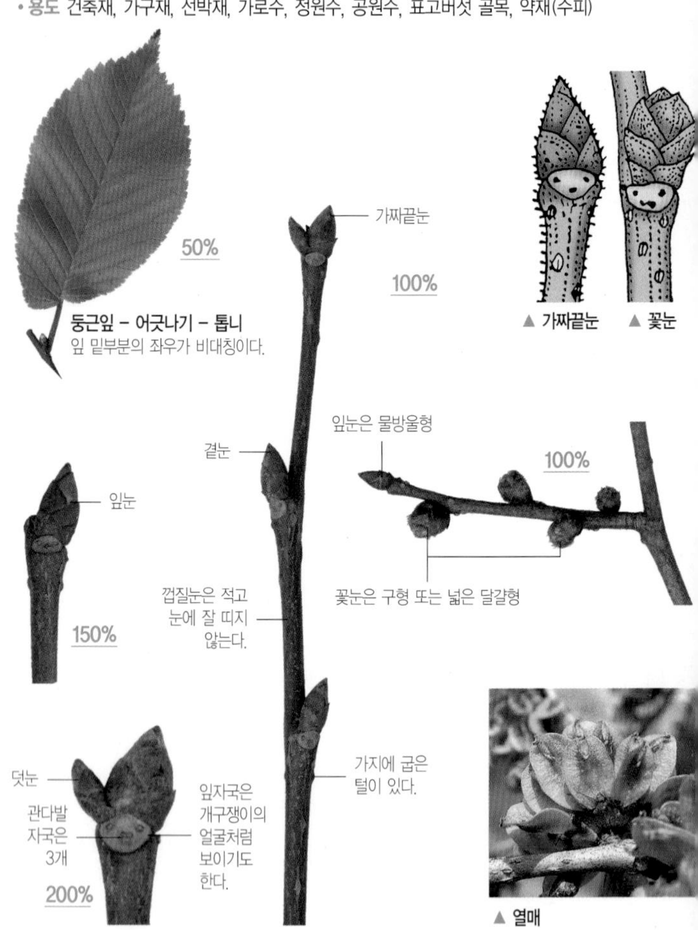

▲ 열매

❶ **겨울눈** : 잎눈은 달걀형~물방울형이며, 약간 평편하고 끝이 뾰족하다. 정면에서 보면 5~6장의 눈비늘조각이 기와장처럼 겹쳐져 있다. 꽃눈은 크고, 둥그스름하다.

❷ **잎자국** : 반원형~삼각형이며, 조금 융기한다. 관다발자국은 3개

❸ **수피** : 회색~짙은 회색이며, 세로로 불규칙하게 갈라진다.

겨울눈은 둥글고, 가지에 바짝 붙어서 난다.

시무나무

Hemiptelea davidii
[느릅나무과 시무나무속]

낙엽교목 • 수고 20m • 분포 중국, 일본, 몽골 ; 전국의 숲 가장자리 및 하천 가장자리
• 용도 가구재, 풍치수

▲ 전개 중인 겨울눈

▲ 열매

➊ **겨울눈** : 곁눈은 둥그스름하며, 가지에 바짝 붙어서 난다. 곁눈에는 덧눈이 붙는다.

➋ **잎자국** : 반원형이며, 관다발자국은 3개

➌ **가지** : 가지가 변한 가시가 많다. 잔털이 있다가 차츰 없어지고, 껍질눈이 흩어져 난다.

➍ **수피** : 회갈색 또는 흑회색이며, 세로로 얕게 갈라진다.

잎자국 좌우에 턱잎자국이 남아 있다.

조구나무

Sapium sebiferum 〔대극과 조구나무속〕

낙엽교목 • 수고 15m • 분포 중국, 베트남이 원산지 ; 전남, 제주도에 드물게 식재
• 용도 공원수, 가로수

▲ 열매

❶ **겨울눈** : 작고 둥근 삼각형이며, 털이 없다. 2~4장의 눈비늘조각에 싸여있다.

❷ **잎자국** : 반원형이며, 좌우에 딱딱한 턱잎자국(탁엽흔, 托葉痕)이 남아 있다. 관다발자국은 3개

❸ **가지** : 껍질눈이 드문드문 있고, 털은 없다. 가지를 자르면 흰 유액이 나온다. 겨울에도 마른 열매가 남아 있는 경우가 많다. 갈색의 열매껍질이 떨어지면 팝콘같은 흰색의 종자가 드러난다.

❹ **수피** : 회갈색이며, 불규칙하게 세로로 갈라진다.

가지 끝에는 가짜끝눈과 가지자국이 있다.

두충

Eucommia ulmoides 【두충과 두충속】

낙엽교목 • 수고 15m • 분포 중국(중남부)이 원산지 ; 전국적으로 재배
• 용도 관상용, 약용(껍질)

▲ 열매

① **겨울눈** : 달걀형이며, 끝이 뾰족하다. 8~10장의 눈비늘조각에 싸여있다. 가지 끝에는 가지자국과 가짜끝눈이 있다.

② **잎자국** : 반원형 또는 콩팥형

③ **가지** : 원형 또는 타원형의 껍질눈이 많다.

④ **수피** : 회갈색이며, 노목이 되면 세로로 불규칙하게 갈라진다.

꽃눈은 긴 털이 난 2장의 눈비늘조각에 싸여있다.

목련

Magnolia kobus
【목련과 목련속】

낙엽교목 • 수고 10m • 분포 일본 ; 제주도 숲속에 자생, 전국에 식재
• 용도 정원수, 공원수, 약용

꽃눈

짧은가지

200%

15%

둥근잎 – 어긋나기 – 전연
거꿀달걀형이며, 잎끝이
갑자기 뾰족해진다.

꽃눈의
눈비늘조각

잎눈

턱잎자국은
가지를 한 바퀴
돈다.

100%

잎자국. V자형이고, 백목련과는
달리 유관속자국이 일렬로 나란하다.

100%

▲ 열매

▲ 꽃눈 ▲ 잎눈

❶ **겨울눈** : 꽃눈은 긴 타원형이고, 끝이 뾰족하다. 긴 털이 난 2장의 눈비늘조각에 싸여있다. 잎눈은 짧은 털로 덮인 눈비늘조각에 싸여있다.

❷ **잎자국** : V자형 또는 초승달형이며, 턱잎자국은 가지를 한 바퀴 돈다. 관다발자국은 여러 개가 일렬로 나란하다.

❸ **가지** : 털이 없으며, 녹색 바탕에 자줏빛이 약간 돈다.

❹ **수피** : 회백색이고 평활하며, 껍질눈이 있다.

잎눈은 꽃눈에 비해 아주 작다.

별목련

Magnolia stellata [목련과 목련속]

낙엽교목 • 수고 1m • 분포 중국이 원산지 ; 전국에 식재 • 용도 조경수

둥근잎 – 어긋나기 – 전연
턱잎자국이 가지를 한 바퀴 감아 돈다.

▲ 열매

❶ **겨울눈** : 꽃눈은 긴 달걀형이고, 누운 털로 덮인 눈비늘조각에 싸여있다. 잎눈은 꽃눈보다 작고, 눈비늘조각에 싸여있다.
❷ **잎자국** : V자형이고, 턱잎자국은 가지를 한 바퀴 돈다.
❸ **가지** : 밤색이며, 털이 있다가 점차 없어진다.
❹ **수피** : 회백색이고 평활하며, 껍질눈이 많다.

겨울눈의 색과 모양이 밤 열매와 비슷하다.

밤나무

Castanea crenata 【참나무과 밤나무속】

낙엽교목 • 수고 15m • 분포 일본 ; 평안남도와 함경남도 이남
• 용도 열매 식용, 밀원식물, 가구재, 선박재, 조각재, 표고 골목

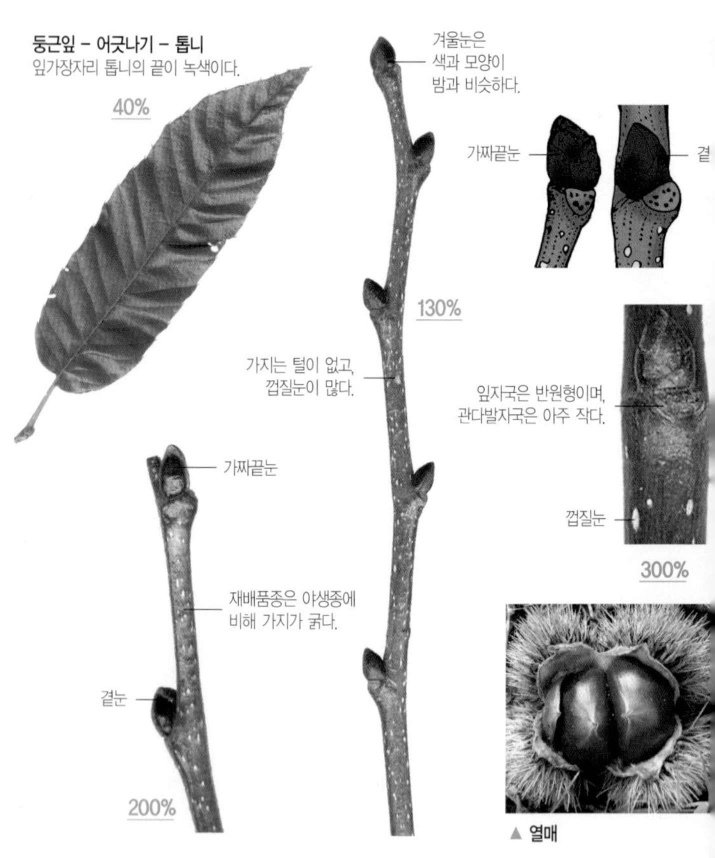

▲ 열매

❶ **겨울눈** : 넓은 달걀형이며, 밤 열매와 모양이 비슷하다. 3~4장의 눈비늘조각에 싸여 있다. 끝눈은 없고, 가짜끝눈은 곁눈보다 조금 크다.
❷ **잎자국** : 반원형 또는 콩팥형이며, 관다발자국은 7개
❸ **가지** : 적갈색. 짧은 털과 별모양의 털이 있으나 점차 사라진다. 원형 또는 타원형의 껍질눈이 많다. 야생품종의 가지는 재배품종의 것에 비해 가늘다.
❹ **수피** : 유목은 매끈하지만, 성목은 세로로 깊게 갈라진다.

잎자국에 여러 개의 관다발자국이 둥글게 배열되어 있다.

뽕나무

Morus alba 【뽕나무과 뽕나무속】

낙엽교목 • 수고 7~8m • 분포 중국, 일본, 러시아, 대만, 네팔 ; 전국적으로 분포
• 용도 누에 재배용, 식용, 건축재, 악기재, 조각재

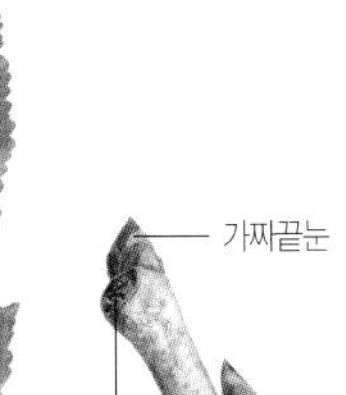

갈래잎 – 어긋나기 – 톱니
어린 잎일수록 불규칙한 결각이 많다.

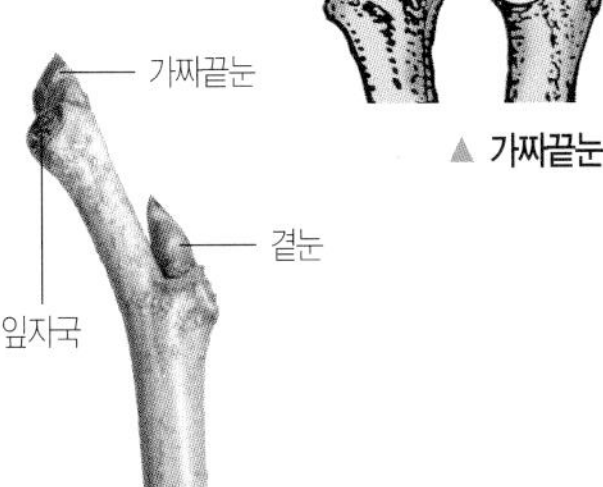

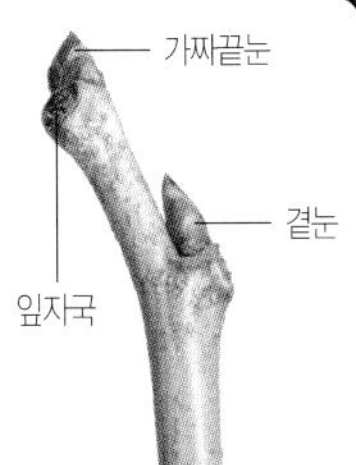

▲ 가짜끝눈

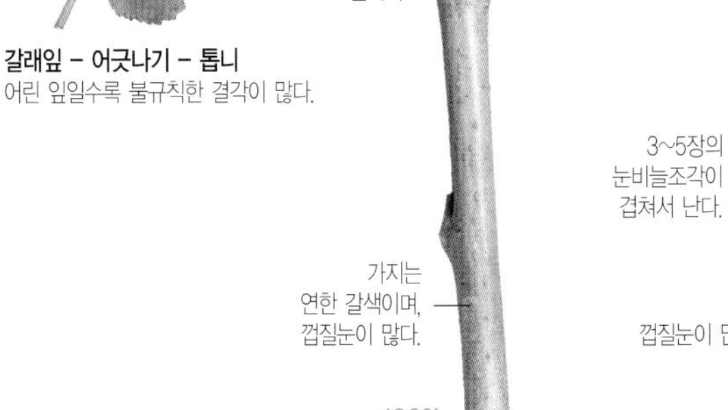

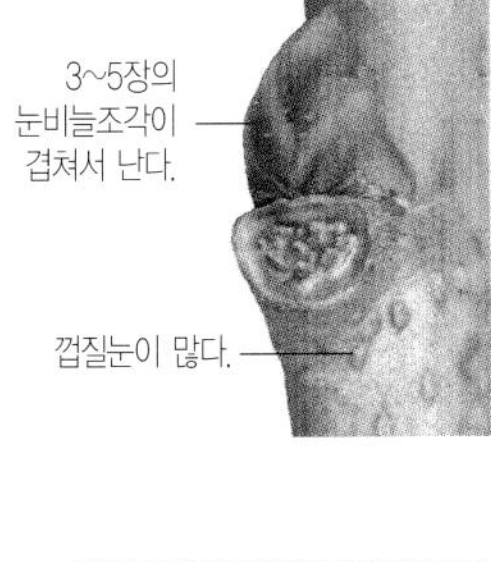

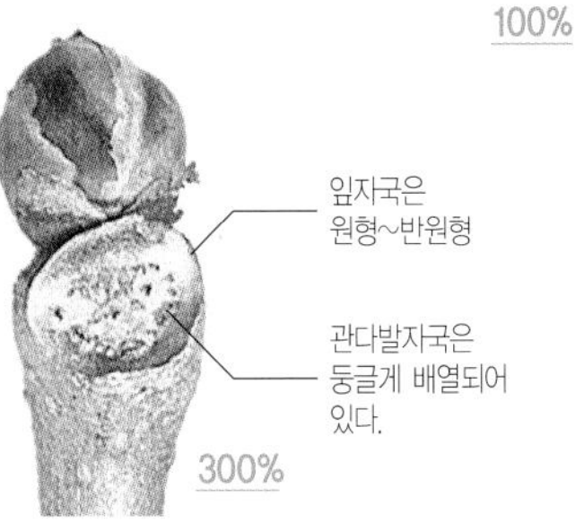

▲ 열매

❶ **겨울눈** : 달걀형. 갈색 또는 연한 갈색이고, 털은 없다. 3~5장의 눈비늘조각에 싸여 있다.

❷ **잎자국** : 원형~반원형. 여러 개의 관다발자국이 둥글게 배열되어있다.

❸ **가지** : 연한 갈색이며, 껍질눈이 많다.

❹ **수피** : 회갈색이며, 가로로 긴 껍질눈이 있고, 세로로 길게 갈라진다.

가지는 자갈색이며, 타원형의 껍질눈이 많다.

귀룽나무

Prunus padus 【장미과 벚나무속】

낙엽교목 • 수고 15m • 분포 일본의 북해도, 중국, 몽고, 러시아, 유럽 등지 ; 지리산 이북의 산지 계곡가 • 용도 조경수, 식용, 약용

▲ 전개 중인 겨울눈

▲ 열매

❶ **겨울눈** : 달걀형 또는 긴 달걀형이며, 끝이 뾰족하다. 6~9장의 눈비늘조각에 싸여있다.
❷ **잎자국** : 반원형 또는 삼각형이며, 3개의 관다발자국이 있다.
❸ **가지** : 자갈색이며, 털이 없다. 타원형의 껍질눈이 많다. 어린 가지를 꺾으면 냄새가 난다.
❹ **수피** : 회갈색이며, 오래되면 세로로 갈라진다.

겨울눈은 넓은 달걀형이며, 끝이 조금 뾰족하거나 둥글다.

모과나무

Chaenomeles sinensis
[장미과 모과나무속]

낙엽교목 • 수고 10m • 분포 중국 중남부가 원산지 ; 전국에 널리 식재
• 용도 조경수, 열매 식용, 약용

둥근잎 – 어긋나기 – 톱니
잎폭이 넓고, 질감이 딱딱하다.

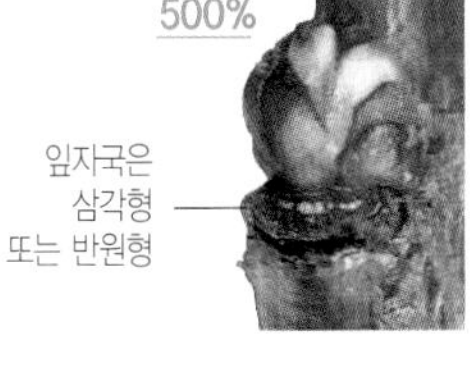

▲ 전개 중인 겨울눈

▲ 열매

❶ **겨울눈** : 3~4장의 눈비늘조각에 싸여있다. 가짜끝눈은 곁눈과 크기가 비슷하다.
❷ **잎자국** : 삼각형 또는 반원형이며, 관다발자국은 3개
❸ **가지** : 갈색이며, 가시는 없다. 털은 없고, 광택이 있다.
❹ **수피** : 노목은 묵은 껍질이 조각조각 벗겨져서 얼룩무늬를 나타낸다.

겨울눈은 달걀형 또는 긴달걀형이며, 끝이 뾰족하다.

산벚나무

Prunus sargentii 【장미과 벚나무속】

낙엽교목 • 수고 20m • 분포 러시아, 일본 ; 전북(덕유산), 전남(지리산) 이북 등의 백두대간에 주로 분포 • 용도 조경수, 가구재, 식용, 약용

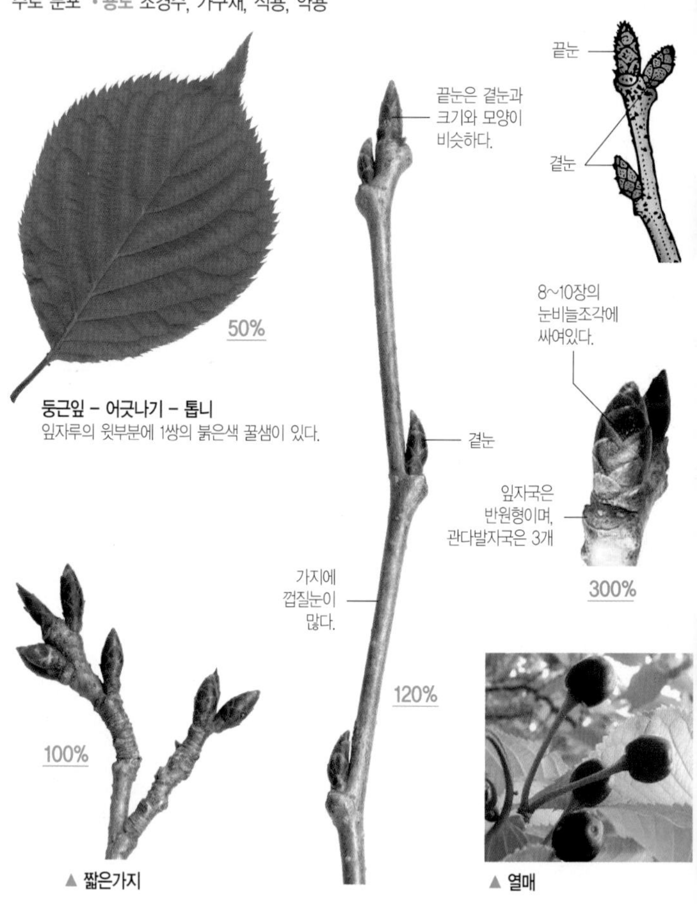

▲ 짧은가지

▲ 열매

❶ **겨울눈** : 달걀형 또는 긴 달걀형이며, 끝이 뾰족하다. 8~10장의 털이 없는 눈비늘조각에 싸여있다.

❷ **잎자국** : 삼각형 또는 반원형이며, 관다발자국은 3개(벚나무속의 관다발자국은 3개)

❸ **가지** : 1년생가지는 적갈색이고 털이 없으며, 껍질눈이 많다.

❹ **수피** : 짙은 자갈색이고, 가로로 긴 껍질눈이 많다(벚나무류의 공통).

겨울눈은 물방울형이며, 끝이 뾰족하다.

왕벚나무

Prunus yedoensis 〔장미과 벚나무속〕

중간 굵기

낙엽교목 • 수고 15m • 분포 한국이 원산지이며, 제주도에 분포
• 용도 조경수, 공원수, 가로수, 열매 식용

50%

둥근잎 – 어긋나기 – 톱니

잎몸 밑에 보통 0~4개의 꿀샘이 있다.

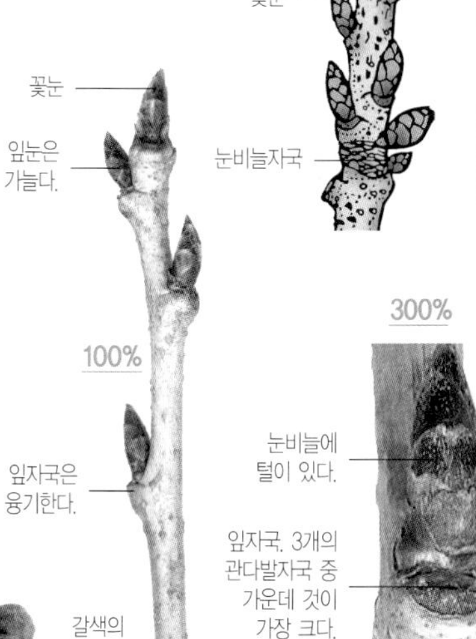

기 시작한 꽃눈

짧은가지

100%

▲ 열매

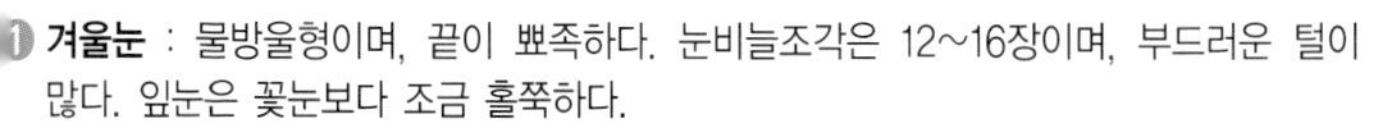

❶ **겨울눈** : 물방울형이며, 끝이 뾰족하다. 눈비늘조각은 12~16장이며, 부드러운 털이 많다. 잎눈은 꽃눈보다 조금 홀쭉하다.

❷ **잎자국** : 반원형이고, 융기한다. 관다발자국은 3개

❸ **가지** : 햇가지는 갈색~자갈색이며, 부드러운 털이 있다.

❹ **수피** : 짙은 회색이며, 일반적인 벚나무류의 수피와 같이 가로로 긴 껍질눈이 있다.

가지는 자갈색이며, 광택이 난다.

팥배나무

Sorbus alnifolia 【장미과 마가목속】

낙엽교목 • 수고 15m • 분포 중국(중북부), 타이완, 일본 전역 ; 한반도 전역
• 용도 조경수, 가구재, 건축재, 약용

둥근잎 – 어긋나기 – 톱니
측맥이 가장자리까지 뻗으며
잎맥이 파여있다.

▲ 짧은가지

▲ 끝눈 ▲ 곁눈 ▲ 열매

❶ **겨울눈** : 물방울형이며, 자갈색을 띤다. 5~6장의 눈비늘조각에 싸여있다. 곁눈은 작다.
❷ **잎자국** : 반원형~얕은 V자형이며, 융기한다. 관다발자국은 3개이지만, 잘 보이지 않는다.
❸ **가지** : 짧은가지가 발달한다. 자갈색을 띠고 광택이 나며, 흰색 껍질눈이 많다.
❹ **수피** : 유목에서는 가지와 같이 흰색 껍질눈이 많고, 노목이 되면 세로로 얕게 갈라진다.

겨울눈에 짧은 눈자루가 있다.

풍나무

Liquidambar formosana
〔조록나무과 풍나무속〕

낙엽교목 • 수고 20m • 분포 중국이 원산지 ; 남부 지방에서 관상용으로 많이 식재
• 용도 가로수, 공원수

① **겨울눈** : 달걀형~긴 달걀형이고, 끝이 뾰족하다. 눈비늘조각은 15~18장이며, 짧고 부드러운 털이 있다. 짧은 눈자루(아병, 芽柄)가 있다.

② **잎자국** : 타원형~삼각형이고, 융기한다. 관다발자국은 3개

③ **가지** : 1년생가지는 녹색을 띠는 암회색~회갈색이고, 연한 털이나 거친 털이 있다.

④ **수피** : 흑갈색이며, 노목에서는 세로로 얕게 갈라진다.

겨울눈은 물방울형이고, 단면은 5각형

상수리나무

Quercus acutissima 【참나무과 참나무속】

낙엽교목 • **수고** 20~25m • **분포** 일본, 중국, 인도, 라오스, 네팔 ; 함경남도를 제외한 전국 • **용도** 열매 약용 및 식용, 건축재, 선박재, 숯, 표고 골목

▲ 겨우내 마른 잎이 붙어있다.

▲ 열매

❶ **겨울눈** : 물방울형이고, 단면은 5각형. 눈비늘은 여러 개가 겹쳐서 나고, 테두리에 회색의 짧은 털이 빽빽하다. 눈비늘조각은 20~30장. 5개의 겨울눈이 가지를 2회 돌려난다(참나무속의 공통).

❷ **잎자국** : 반원형이며, 7~10개의 관다발자국이 불규칙하게 나 있다.

❸ **가지** : 갈색이고, 털이 없으며, 둥근 껍질눈이 많다.

❹ **수피** : 회갈색이며, 불규칙하게 세로로 깊게 갈라진다.

겨울눈은 물방울형 또는 달걀형이며, 단면은 5각형

졸참나무

Quercus serrata 【참나무과 참나무속】

중간 굵기

낙엽교목 • 수고 30m • 분포 히말라야, 일본, 대만, 중국 ; 한반도 전역
• 용도 가구재, 선박재, 침목, 표고버섯의 골목, 숯, 열매 식용

▲ **위에서 본 끝눈**
끝눈 주위에 여러 개의 곁눈이 있다.

▲ **열매**

❶ **겨울눈** : 물방울형~달걀형이며, 끝눈 주위에 여러 개의 곁눈이 모여 난다(정생측아). 겨울눈의 단면은 5각형이며, 비늘 모양의 눈비늘조각이 20~25장 겹쳐서 난다.
❷ **잎자국** : 반원형~콩팥형
❸ **가지** : 회갈색이며, 타원형의 껍질눈이 많다. 세력이 강한 가지는 차바퀴 모양으로 곁가지가 난다.
❹ **수피** : 회색~회백색. 노목이 되면, 깊게 갈라진 틈 사이로 약목일 때의 흰색 수피가 띠 모양으로 남아있다.

겨울눈은 짙은 홍자색이며, 광택이 있다.

층층나무

Cornus controversa 【층층나무과 층층나무속】

낙엽교목 • 수고 20m • 분포 동북아시아 온대 지역에 넓게 분포 ; 전국적으로 분포
• 용도 조경수, 공원수

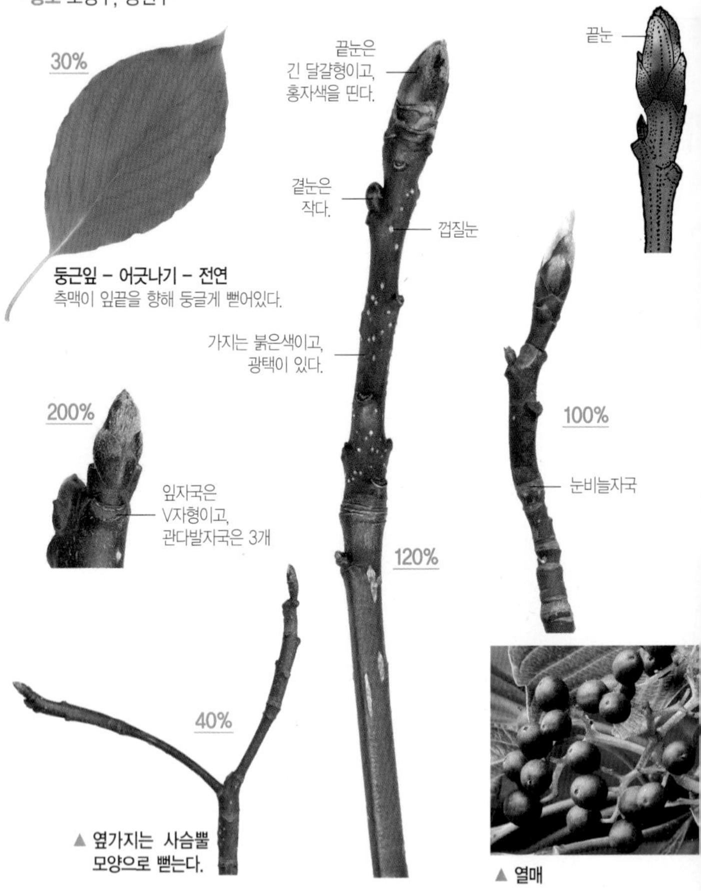

▲ 옆가지는 사슴뿔 모양으로 뻗는다.

▲ 열매

❶ **겨울눈** : 긴 달걀형~물방울형이며, 5~8장의 눈비늘조각에 싸여있다. 짙은 홍자색이며, 광택이 있다. 곁눈은 끝눈에 비해 아주 작다.

❷ **잎자국** : 반원형~V자형이고, 융기한다. 관다발자국은 3개

❸ **가지** : 붉은 색이고, 털이 없으며, 광택이 난다. 옆가지는 사슴뿔 모양으로 분지한다.

❹ **수피** : 회갈색~회흑색이며, 세로로 얕게 갈라진다.

겨울눈은 달걀형이며, 세로덧눈이 붙는다.

조각자나무 *Gleditsia sinensis* 【콩과 주엽나무속】

어긋나기

낙엽교목 • 수고 20m • 분포 중국(중부 지방)이 원산지 ; 전국적으로 식재 • 용도 약용

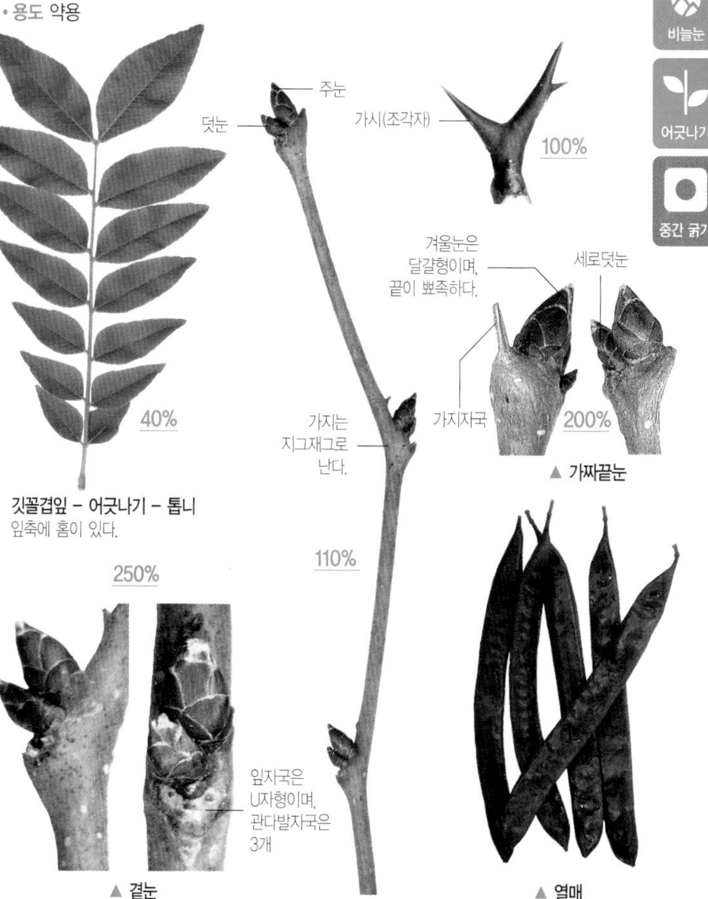

깃꼴겹잎 – 어긋나기 – 톱니
잎축에 홈이 있다.

▲ **가짜끝눈**

▲ **곁눈**

▲ **열매**

❶ **겨울눈** : 달걀형이며, 끝이 뾰족하다. 세로덧눈이 있다.
❷ **잎자국** : 삼각형 또는 U자형이며, 관다발자국은 3개
❸ **가지** : 줄기와 가지에 단면이 둥근 가시(이 가시를 조각자라 한다)가 많이 달린다. 주엽나무의 가시와 비슷하지만 이보다 더 굵고, 많이 생긴다.
❹ **수피** : 회갈색이며, 껍질눈과 함께 사마귀 모양의 큰 껍질눈이 발달한다.

햇가지의 곁눈 중에서 위의 것은 가시, 아래 것은 겨울눈이 된다.

주엽나무

Gleditsia japonica 【콩과 주엽나무속】

낙엽교목 • 수고 20m • 분포 중국, 일본(혼슈 이남) ; 전국의 저지대 계곡 및 하천 가장자리 • 용도 약용, 건축재, 가구재

▲ 열매

❶ **겨울눈** : 반구형~원뿔형이고, 눈비늘조각은 4~6장. 햇가지에 곁눈은 세로로 2개가 나는데, 위의 것은 가시가 되고, 아래의 것은 겨울눈이 된다.

❷ **잎자국** : 하트형이며, 관다발자국은 3개

❸ **가지** : 날카로운 가시가 된 경침(莖針)이 많이 달리고, 가시에 다시 가시가 붙는다. 가시의 단면은 납작하다.

❹ **수피** : 회갈색이며, 껍질눈이 많다.

겨울눈은 약간 비뚤어진 달걀형

피나무

Tilia amurensis 【피나무과 피나무속】

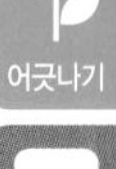

낙엽교목 • 수고 20m • 분포 중국(동북부), 극동러시아 ; 전국의 산지
• 용도 공원수, 밀원식물, 가구재, 건축재, 조각재, 바둑판, 꽃차

❶ **겨울눈** : 약간 비뚤어진 달걀형. 눈비늘조각은 2장이며, 털은 없다.
❷ **잎자국** : 반원형~타원형이며, 융기한다. 관다발자국은 3개
❸ **가지** : 햇가지에는 별모양의 털이 있지만 점차 없어진다. 황갈색 또는 적갈색이고, 광택이 난다. 열매가 겨울까지 남아있기도 하다.
❹ **수피** : 회색이며, 성목이 되면 세로로 얕게 갈라진다.

가짜끝눈 옆에 반드시 가지자국이 있다.

고욤나무

Diospyros lotus 【감나무과 감나무속】

낙엽교목 • 수고 15m • 분포 중국 중서부, 대만, 인도, 코카서스 ; 경기도 이남
• 용도 건축재, 가구재, 조각재, 식용, 대목용

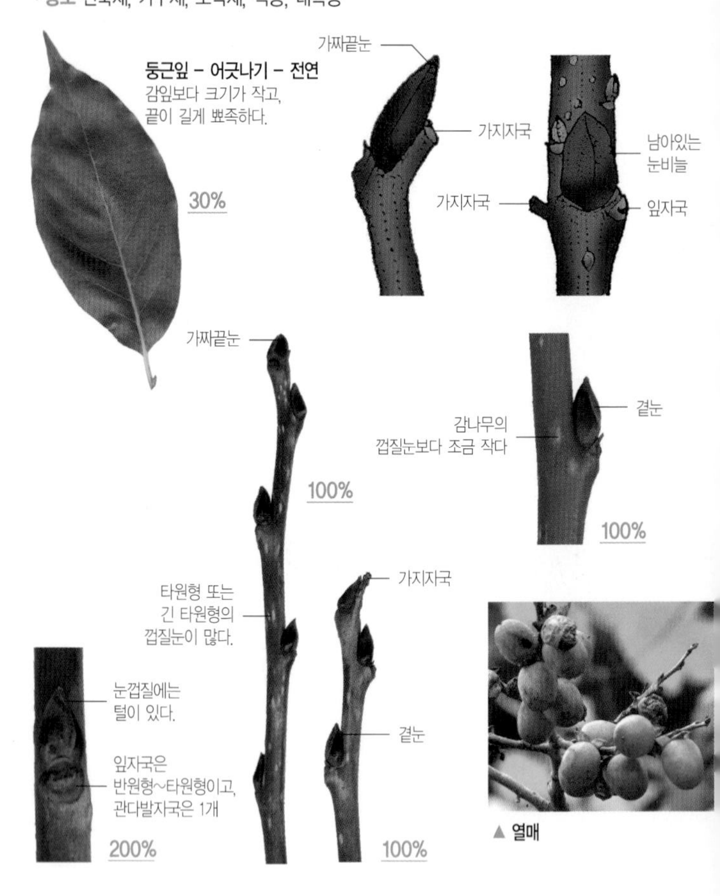

▲ 열매

❶ **겨울눈** : 적갈색 또는 황갈색이고 털이 없으며, 2장의 눈비늘조각에 싸여있다. 물방울형이고 조금 편평하며, 끝이 뾰족하다.

❷ **잎자국** : 잎자국 반원형~타원형이다. 관다발자국은 1개이며, 활처럼 굽은 모양이다.

❸ **가지** : 털이 없고, 가짜끝눈 옆에 반드시 가지자국이 있다.

❹ **수피** : 감나무와 비슷하며, 암회색이고 세로로 깊게 갈라진다.

겨울눈은 달걀형~원형이며, 흰색 털로 덮여있다.

은사시나무

Populus tomentiglandulosa
[버드나무과 사시나무속]

교목

비늘눈

어긋나기

중간 굵기

낙엽교목 • 수고 20m • 분포 전국적으로 식재 • 용도 펄프재, 포장용, 산림 조경수

▲ 열매

1. **겨울눈** : 달걀형~원형이며, 흰색 털로 덮여있다.
2. **잎자국** : 반원형~삼각형이고, 관다발자국은 3개
3. **가지** : 녹색, 회녹색 또는 녹갈색 등 변이가 심하다.
4. **수피** : 푸르스름한 은빛을 띠며, 마름모형의 껍질눈이 많다.

겨울눈은 적갈색이고, 조금 끈적거린다.

이태리포플러

Populus euramericana
〔버드나무과 사시나무속〕

낙엽교목 • 수고 30m • 분포 전국 각지의 산록 이하에 널리 식재
• 용도 조림수, 펄프재, 가로수

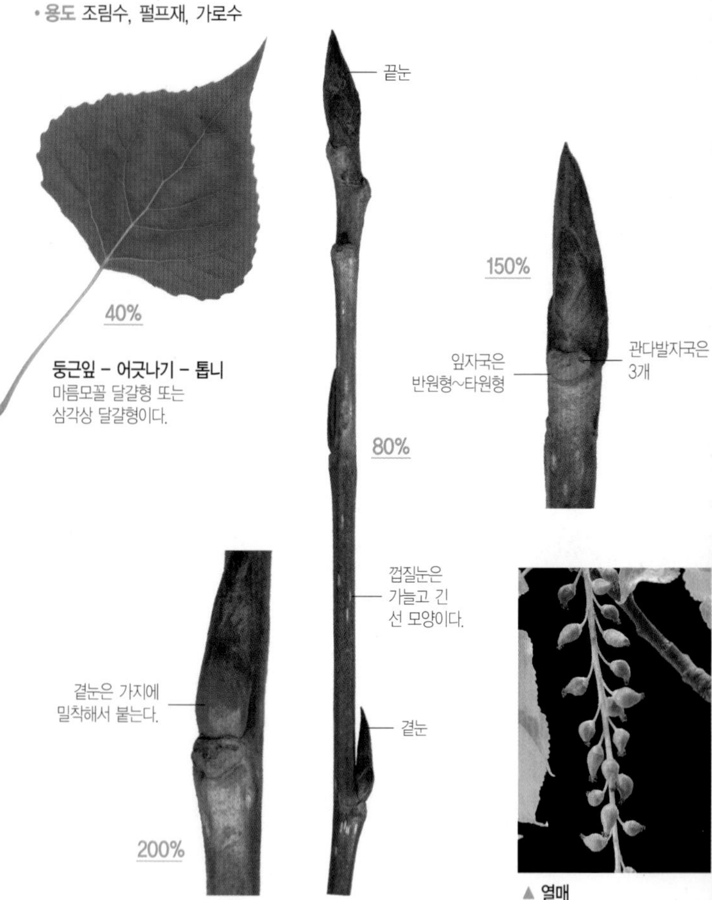

▲ 열매

❶ **겨울눈** : 적갈색이고 피침형~긴 원뿔형이며, 조금 끈적거린다.
❷ **잎자국** : 반원형~타원형이며, 관다발자국은 3개
❸ **가지** : 굵은가지는 옆으로 비스듬하게 퍼진다. 잔가지는 굵고 둥글며, 어릴 때는 적갈색이지만 오래되면 점차 붉은빛이 줄어든다.
❹ **수피** : 어릴 때는 은색이지만, 자라면서 점차 회갈색으로 변하고 세로로 갈라진다.

겨울눈은 1장의 눈비늘조각에 싸여있으며, 가지에 밀착해서 붙는다.

수양버들 *Salix babylonica* 〔버드나무과 버드나무속〕

낙엽교목 • 수고 15~20m • 분포 중국 고유종, 세계 도처에 식재 ; 전국에 식재
• 용도 가로수, 풍치수, 약용

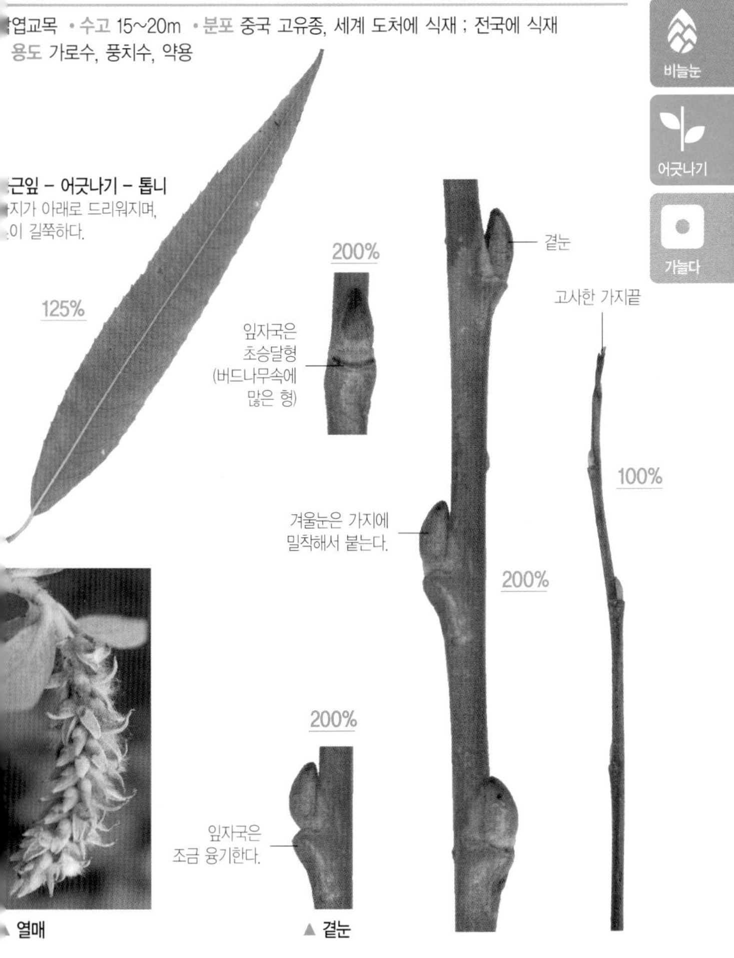

▲ 열매 ▲ 곁눈

- **겨울눈** : 달걀형이고 털이 없으며, 1장의 눈비늘조각에 싸여있다. 곁눈은 가지에 바짝 붙어서 난다(伏生).
- **잎자국** : 초승달형이며, 관다발자국은 3개
- **가지** : 녹색~적갈색이며, 털이 없고 광택이 난다. 가지는 아래로 길게 처진다.
- **수피** : 회갈색이고, 오래되면 세로로 갈라진다.

곁눈은 어긋나고, 가지에 거의 직각으로 붙는다.

낙우송

Taxodium distichum 【낙우송과 낙우송속】

낙엽교목 • 수고 50m • 분포 북아메리카 동남부가 원산지 ; 전국에 공원수, 가로수로 식재 • 용도 풍치수, 조경수

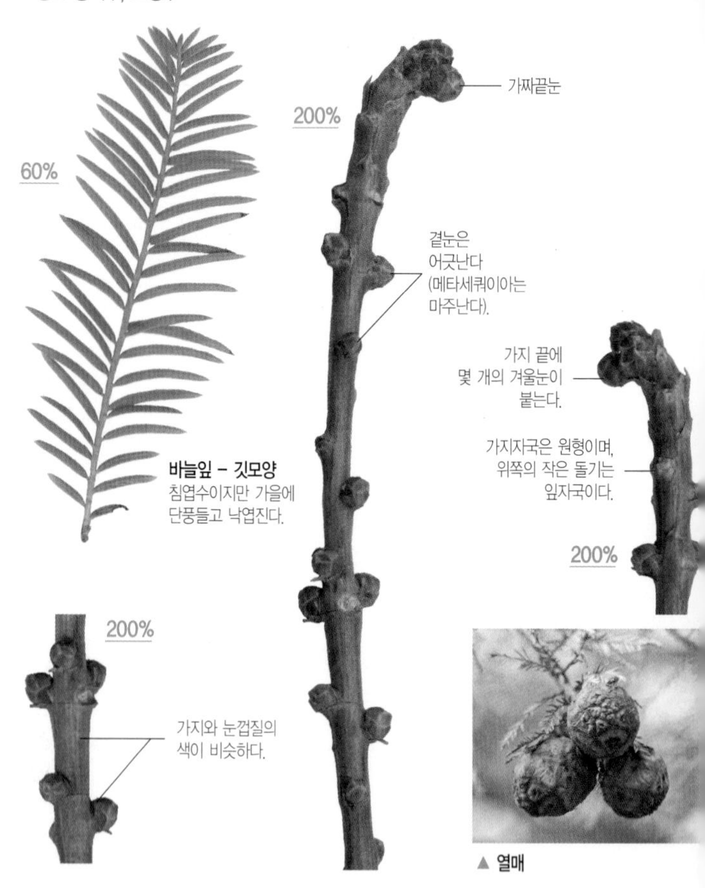

▲ 열매

❶ **겨울눈** : 달걀형이며, 여러 개의 눈비늘조각이 규칙적으로 붙어있다.

❷ **잎자국** : 작고 타원형이며, 흰색. 보통 겨울눈은 잎자국 위에 생기지 않는다. 관다발자국은 뚜렷하지 않다.

❸ **가지** : 수평으로 뻗으며, 햇가지는 녹색이지만 점차 갈색이 된다.

❹ **수피** : 회갈색이고, 세로로 길게 벗겨져서 떨어진다.

꽃눈은 구형이며, 긴 눈자루가 있다.

비목나무

Lindera erythrocarpa
[녹나무과 생강나무속]

가늘다

낙엽교목 • 수고 15m • 분포 일본, 중국 ; 충청도 이남, 경기도 서해안
• 용도 조경수, 가구재, 조각재, 약용

둥근잎 – 어긋나기 – 전연
가을에 물드는 노란 단풍이 아름답다.

50%

꽃눈

꽃눈

끝눈(잎눈)

가지는 회갈색이고 껍질눈이 있다.

120%

300%

잎자국은 원형이고, 관다발자국은 1개

▲ 열매

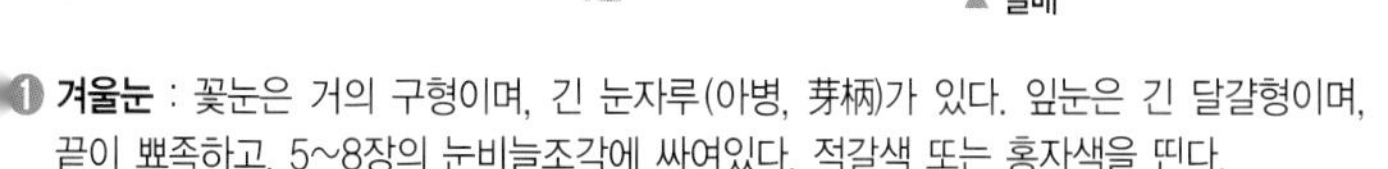

❶ **겨울눈** : 꽃눈은 거의 구형이며, 긴 눈자루(아병, 芽柄)가 있다. 잎눈은 긴 달걀형이며, 끝이 뾰족하고, 5~8장의 눈비늘조각에 싸여있다. 적갈색 또는 홍자색을 띤다.

❷ **잎자국** : 원형 또는 반원형이며, 관다발자국은 1개

❸ **가지** : 연한 갈색이고, 털은 없으며, 껍질눈이 있다.

❹ **수피** : 연한 갈색이며, 노목은 불규칙하게 갈라져서 벗겨진다.

덧눈은 가지의 그늘진 쪽에 붙는다.

느티나무

Zelkova serrata 【느릅나무과 느티나무속】

낙엽교목 • 수고 25m • 분포 중국(중남부 이북), 일본, 타이완, 러시아 ; 전국에 분포
• 용도 조경수, 가로수, 풍치수, 건축재, 가구재, 조각재

▲ 전개한 잎눈

▲ 열매

❶ **겨울눈** : 달걀형 또는 원추형이고, 끝이 뾰족하다. 8~10장의 자갈색 눈비늘조각에 싸여 있다. 가짜끝눈은 곁눈과 비슷한 모양이다. 가로덧눈은 곁눈의 그늘진 곳에 달린다.

❷ **잎자국** : 반원형~타원형이고, 관다발자국은 3개

❸ **가지** : 가늘고, 잔털이 있지만 점차 없어진다. 껍질눈이 산재해있다. 가지 끝으로 갈수록 지그재그 모양이 크게 나타난다.

❹ **수피** : 회색이고, 평활하며, 성목이 되면 비늘 모양으로 벗겨진다.

잎자국에 3개의 관다발자국이 뚜렷하다.

참느릅나무

Ulmus parvifolia
【느릅나무과 느릅나무속】

낙엽교목 • 수고 10m
• 분포 중국, 대만, 베트남, 일본 ; 경기도 이남의 숲 가장자리 또는 하천변
• 용도 가로수, 공원수, 정원수, 약용

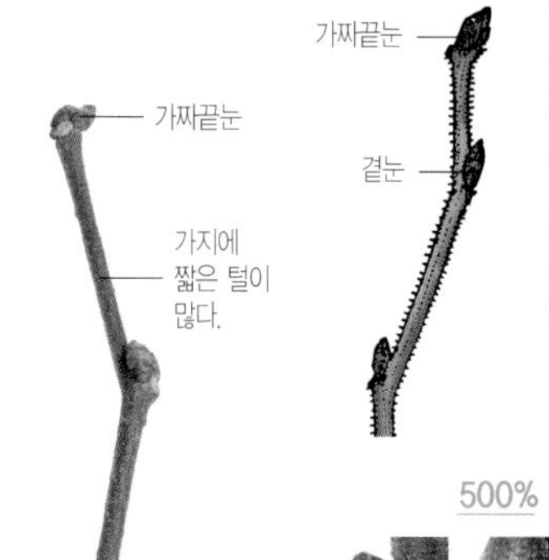

100%

둥근잎 – 어긋나기 – 톱니
가지의 위쪽일수록 잎이 크다.

110%

가지는
지그재그로
난다.

500%

잎자국은
애교 있는
얼굴 모양이다.

관다발자국은 3개

250%

▲ 열매

▲ 전개한 겨울눈

❶ **겨울눈** : 달걀형이며, 5~8장의 회색 털이 있는 눈비늘조각에 덮여있다.
❷ **잎자국** : 반원형~타원형이며, 3개의 뚜렷한 관다발자국이 있다.
❸ **가지** : 1년생가지는 회색 털이 있다. 2년생가지는 털이 없고, 껍질눈이 융기한다.
❹ **수피** : 회녹색~회갈색이며, 불규칙한 비늘 모양으로 벗겨져서 얼룩덜룩한 반점이 남는다.

가로덧눈은 곁눈 좌우의 첫 번째 눈비늘조각 안에 들어있다.

팽나무

Celtis sinensis 【느릅나무과 팽나무속】

낙엽교목 • 수고 20m • 분포 중국, 일본, 타이완, 베트남, 라오스 ; 전국적으로 본포하며 주로 바닷가 및 남부 지방 • 용도 공원수, 풍치수, 건축재, 가구재, 숯

둥근잎 – 어긋나기 – 톱니
잎의 윗부분에만 톱니가 있다.

▲ 열매

❶ **겨울눈** : 원뿔형이고, 끝이 조금 뾰족하다. 2~5장의 눈비늘조각에 덮여있다. 곁눈은 가지에 바짝 붙어서 난다. 가로덧눈은 곁눈 좌우의 첫 번째 눈비늘조각 안에 들어있다.

❷ **잎자국** : 반원형~타원형. 관다발자국은 3개이며, 흰색을 띠고 명료하게 보인다.

❸ **가지** : 지그재그로 뻗고, 부드러운 털이 있다.

❹ **수피** : 흑갈색이며, 모래처럼 꺼칠꺼칠하다.

가지에 센털이 있어 까슬까슬하다.

푸조나무

Aphananthe aspera
【느릅나무과 푸조나무속】

비늘눈

낙엽교목 •수고 20m •분포 중국, 일본, 대만 ; 전라남도, 경상남도 도서지역, 제주도, 울릉도 •용도 건축재, 가구재, 공원수, 숲

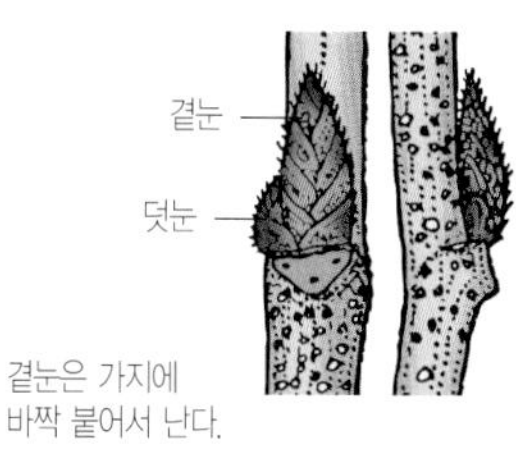

둥근잎 – 어긋나기 – 톱니
잎 표면을 손으로 쓸면 꺼칠꺼칠하다.

눈비늘에
흰털이 있다.

잎자국은 타원형이고,
관다발자국은 3개

500%

300%

가지에
껍질눈이
많다.

곁눈

가로덧눈

가지의 털은
까슬까슬하다.

▲ 열매

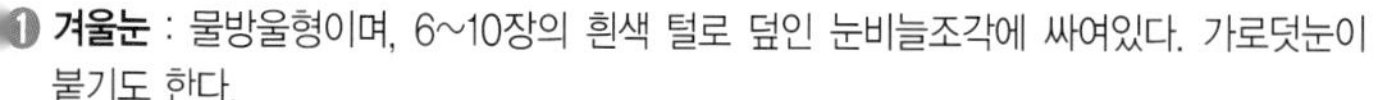

❶ **겨울눈** : 물방울형이며, 6~10장의 흰색 털로 덮인 눈비늘조각에 싸여있다. 가로덧눈이 붙기도 한다.

❷ **잎자국** : 삼각형~타원형이며, 관다발자국은 3개

❸ **가지** : 짙은 적갈색이고, 둥근 껍질눈이 있다. 센털이 나 있어서 까슬까슬하다.

❹ **수피** : 회갈색이고, 매끈하다. 노목이 되면 비늘처럼 벗겨진다.

꽃눈은 황록색이고, 눈비늘조각은 1장

버드나무

Salix pierotii 【버드나무과 버드나무속】

낙엽교목 • 수고 20m • 분포 일본, 중국 ; 제주도를 제외한 전국의 계곡, 하천가 및 저수지 등 습지 • 용도 가구재, 건축재, 세공재, 하천 보호수

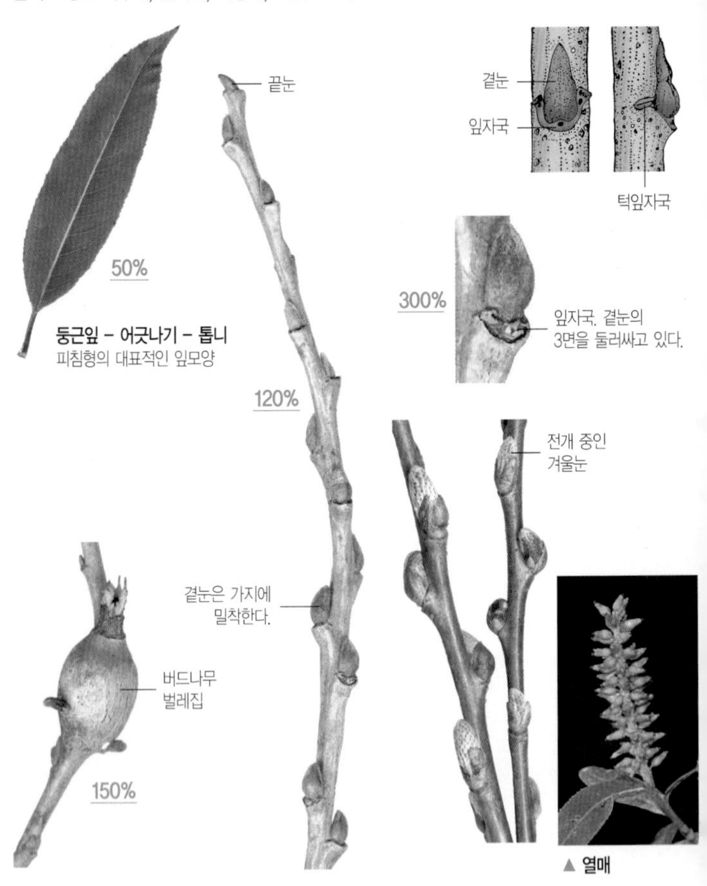

▲ 열매

❶ **겨울눈** : 꽃눈은 달걀형이고, 끝이 뾰족하다. 잎눈은 꽃눈보다 작고, 눈비늘조각은 1장. 곁눈은 가지에 바짝 붙어서 난다(복생, 伏生).

❷ **잎자국** : 곁눈의 3면을 둘러 싼 U자형. 관다발자국은 3개

❸ **가지** : 황록색이고, 털은 있다가 점차 없어진다.

❹ **수피** : 회갈색이고, 불규칙으로 갈라져서 터진다.

눈비늘조각 옆에 이음매가 있다.

왕버들

Salix chaenomeloides 〔버드나무과 버드나무속〕

낙엽교목 • 수고 20m • 분포 일본, 대만, 중국 ; 강원도 이남의 습지 및 하천가
• 용도 강변의 풍치수, 하천둑 보호, 판재

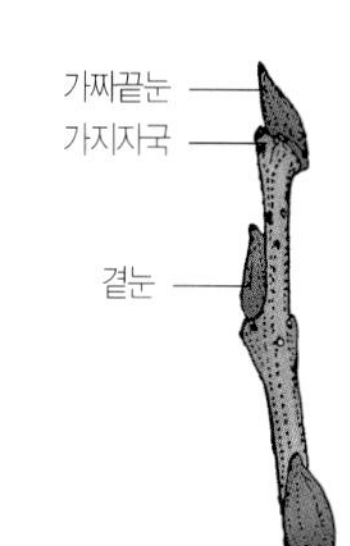
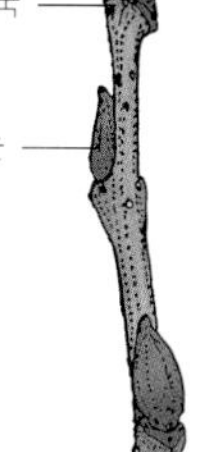

둥근잎 – 어긋나기 – 톱니
귀 모양의 턱잎이 1쌍 붙어있다.

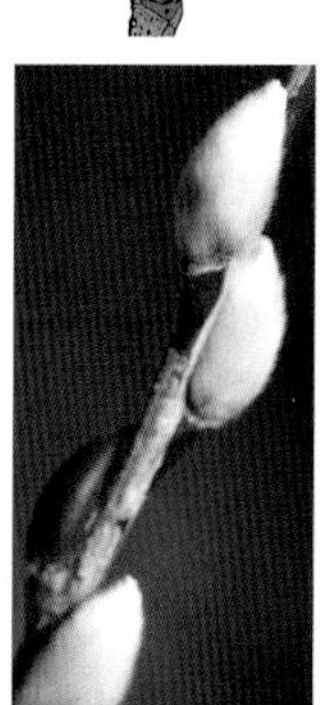
▲ 전개한 꽃눈

▲ 열매

❶ **겨울눈** : 물방울형이고, 털은 없다. 눈비늘조각 옆에 이음매가 있다.
❷ **잎자국** : 곁눈을 둘러싸고 있어서 말발굽처럼 보인다. 관다발자국은 3개
❸ **가지** : 햇가지에 황록색의 털이 있으나, 점차 없어진다. 광택이 있다.
❹ **수피** : 회갈색이고, 깊게 갈라진다.

교목
비늘눈
어긋나기
가늘다

작은 겨울눈은 잎눈 혹은 암꽃차례, 큰 겨울눈은 수꽃차례

서어나무

Carpinus laxiflora 【자작나무과 서어나무속】

낙엽교목 • 수고 15m
• 분포 중국 ; 강원도와 황해도 이남의 표고 100~1,000m 지대에 자생
• 용도 가구재, 건축재, 세공예품

둥근잎 – 어긋나기 – 톱니
개서어나무 잎에 비해 잎 끝이 길게 뾰족하다.

▲ 전개 중인 겨울눈 ▲ 열매

❶ **겨울눈** : 연한 갈색~적갈색이고, 물방울형이며, 끝이 뾰족하다. 눈비늘조각은 16~18장
❷ **잎자국** : 반원형이며, 관다발자국은 잘 보이지 않는다.
❸ **가지** : 적갈색~회갈색이며, 지그재그로 난다. 긴 타원형의 껍질눈이 많다.
❹ **수피** : 세로로 무늬가 있고, 굴곡이 많다.

잎눈과 암꽃눈은 긴 달걀형

자작나무 *Betula platyphylla* 〔자작나무과 자작나무속〕

교목

비늘눈

어긋나기

가늘다

낙엽교목 • 수고 25m
• **분포** 일본, 중국, 동부 러시아 ; 평안북도, 함경남북도의 높은 지대
• **용도** 조경수, 가구재, 조각재, 합판재, 수액 채취

둥근잎 – 어긋나기 – 톱니
짧은가지에 2장의 잎이 달린다.

▲ 짧은가지

▲ 열매

❶ **겨울눈** : 잎눈과 암꽃눈은 비늘눈이고, 긴 달걀형이다. 4~6장의 눈비늘조각에 싸여 있다. 수꽃눈은 맨눈 상태로 겨울을 난다.
❷ **잎자국** : 반원형~삼각형이며, 관다발자국은 3개
❸ **가지** : 자갈색이며, 선점(기름샘)이 있고, 둥근 껍질눈이 많다. 짧은가지가 발달한다.
❹ **수피** : 흰색이며, 종잇장처럼 옆으로 얇게 벗겨진다.

눈비늘조각은 일찍 떨어져서 맨눈 상태가 된다.

노각나무

Stewartia pseudocamellia
【차나무과 노각나무속】

낙엽교목 • 수고 7~15m • 분포 한국이 원산이며 일본 ; 충청북도 소백산 이남의 산지
• 용도 조경수, 건축재, 가구재

❶ **겨울눈** : 가늘고, 긴 물방울형이다. 눈비늘조각은 처음에는 2~4장이지만, 일찍 떨어지고 1개만 남거나 맨눈 상태가 되기도 한다. 눈비늘조각에는 털이 없다.

❷ **잎자국** : 반원형이며, 관다발자국은 1개

❸ **가지** : 회갈색이고, 털은 없다.

❹ **수피** : 오래되면 벗겨져서 회갈색의 아름다운 얼룩무늬가 생긴다.

겨울눈은 피침형이며, 가늘고 긴 물방울 모양이다.

너도밤나무

Fagus engleriana
【참나무과 너도밤나무속】

가늘다

낙엽교목 • 수고 20m • 분포 중국 내륙 ; 울릉도의 바닷가 • 용도 건축재, 기구재, 가구재, 선박재, 합판재, 펄프재

❶ **겨울눈** : 피침형이며, 길이가 1~3cm로 가늘고 긴 물방울형. 16~22장의 눈비늘조각이 기와장처럼 겹쳐져 있다. 눈비늘조각은 갈색~연한 갈색이며, 광택이 나고 끝부분에는 털이 있다.

❷ **잎자국** : 삼각형~반원형이며, 아주 작다. 관다발자국이 많이 있다.

❸ **가지** : 햇가지에는 털이 있지만, 2년생 가지는 회갈색이며 광택이 난다. 긴 타원형의 껍질눈이 흩어져 난다. 그늘에 있는 가지는 짧은가지(短枝)가 많다.

❹ **수피** : 짙은 회색이고 거의 평활하지만, 사마귀 모양의 돌기가 있다.

어린 가지에 기름샘과 껍질눈이 많다.

물박달나무

Betula davurica 【버드나무과 사시나무속】

낙엽교목 • 수고 15m • 분포 극동러시아, 몽고, 일본, 중국 ; 남부 일부 지역을 제외한 전국의 산지
• 용도 조경수, 수액, 연료림, 염료(껍질), 약용

▲ 열매

❶ **겨울눈** : 달갈형이고, 끝이 뾰족하다. 3~4장의 적갈색 눈비늘조각에 싸여있다.
❷ **잎자국** : 삼각형 또는 반원형이며, 관다발자국은 3개
❸ **가지** : 어린 가지는 적갈색이고, 기름샘과 껍질눈이 많다.
❹ **수피** : 회색 또는 회갈색이며, 잘게 잘라져 조각으로 얇게 벗겨진다.

가지가 굵고, 세로로 긴 껍질눈이 많다.

오동나무 *Paulownia tomentosa* 【현삼과 오동나무속】

낙엽교목 • 수고 15~20m • 분포 중국이 원산지 ; 전국의 산지에 야생화되어 자람
• 용도 가구재, 건축재, 악기재, 조각재, 공원수

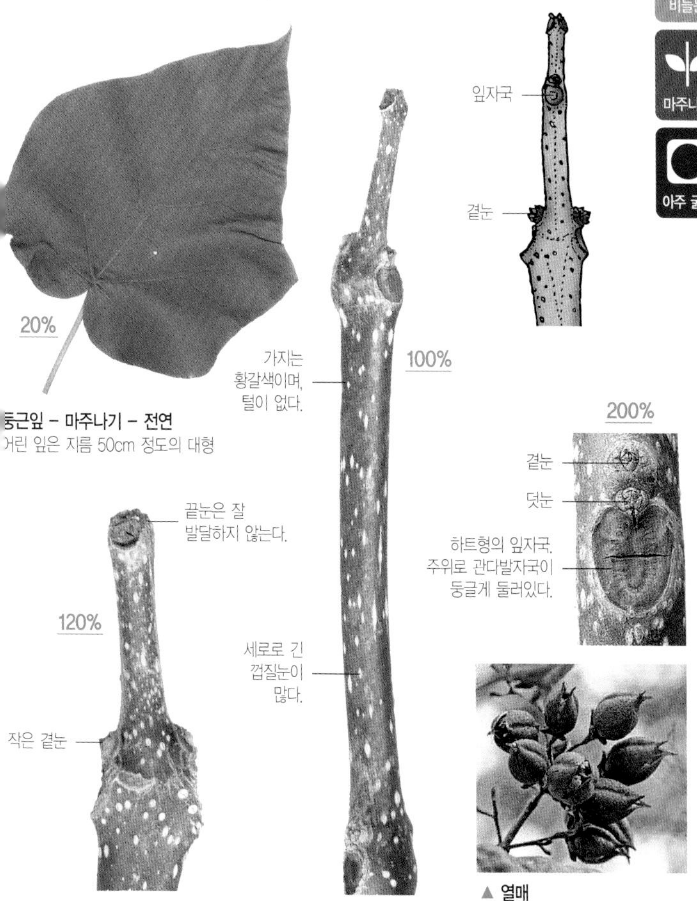

둥근잎 – 마주나기 – 전연
어린 잎은 지름 50cm 정도의 대형

▲ 열매

❶ **겨울눈** : 끝눈은 발달하지 않고, 곁눈은 작다. 꽃눈은 둥글고, 성목의 꼭대기에 붙는다.
❷ **잎자국** : 원형 또는 하트형이며, 융기한다. 작은 링 모양의 관다발자국이 있다.
❸ **가지** : 굵으며, 특히 유목일 때 더 굵다. 세로로 긴 껍질눈이 많다.
❹ **수피** : 회갈색이고, 껍질눈이 발달한다.

겨울눈은 마주나거나 삼륜생이다.

개오동

Catalpa ovata 【능소화과 개오동속

낙엽교목 • 수고 6~10m • 분포 중국이 원산지이며 일본, 중국 ; 전국적으로 식재
• 용도 정원수, 공원수, 가로수

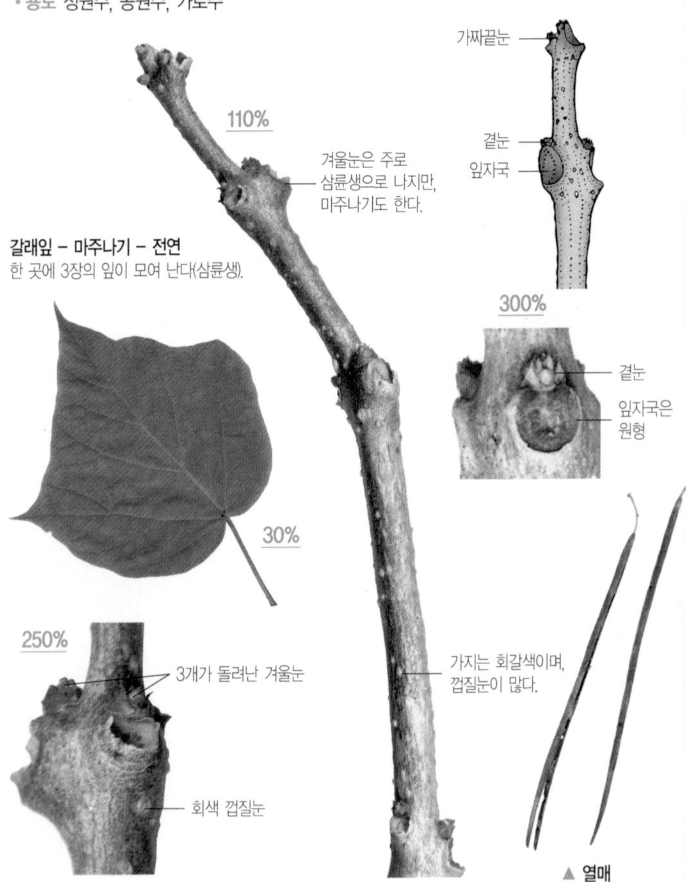

▲ 열매

❶ **겨울눈** : 3륜생이거나 마주나며, 형태는 구형~반구형이며, 눈비늘조각은 8~12장. 가짜끝눈은 곁눈보다 작다.

❷ **잎자국** : 원형이며, 매우 크다. 관다발자국은 15~20개

❸ **가지** : 어린 가지는 굵고, 털이 있거나 없다. 껍질눈이 산재해있다.

❹ **수피** : 회갈색이고, 세로로 얕게 갈라진다.

겨울눈 표면에 물엿같은 수지가 분비되어 있어 끈적끈적하다.

칠엽수

Aesculus turbinata 【칠엽수과 칠엽수속】

낙엽교목 • 수고 30m
• 분포 일본이 원산지 ; 전국에 가로수 및 공원수로 식재
• 용도 공원수, 가로수, 열매 식용

▲ 전개한 겨울눈

▲ 열매

❶ **겨울눈** : 끝눈은 크고, 곁눈은 작으며 거의 발달하지 않는다. 8~14장의 눈비늘조각에 싸여있으며, 물엿 같은 수지를 분비하여 매우 끈적거린다.
❷ **잎자국** : 하트형~콩팥형이며, 관다발자국은 5~9개
❸ **가지** : 아주 굵고, 털이 없으며, 회갈색이다.
❹ **수피** : 흑갈색이고 처음에는 매끈하지만, 오래되면 세로로 불규칙하게 갈라진다.

잎자국은 삐에로의 얼굴처럼 보인다.

황벽나무

Phellodendron amurense
[운향과 황벽나무속]

낙엽교목 • 수고 10m • 분포 중국, 일본, 극동러시아 ; 함경남북도, 평안남북도 및 강원도, 경기도 울릉도 • 용도 약용(수피), 코르크, 건축재

깃꼴겹잎 – 마주나기 – 톱니
부풀어 있는 잎자루 끝에 겨울눈이 들어있다.

◀ **가짜끝눈**
2개가 나란하고,
나중에 Y자형으로
가지가 뻗는다.

▲ **열매자루**

▲ **열매**

❶ **겨울눈** : 거의 반구형이고, 끝이 조금 둥글다. 2장의 눈비늘조각은 잘 보이지 않아 맨눈처럼 보인다.

❷ **잎자국** : O자형이며, 삐에로 얼굴처럼 보인다. 3그룹의 관다발자국이 있다.

❸ **가지** : 굵고, 털이 없다. 가지가 Y자형으로 뻗기 때문에, 가지만 보면 마주나기라는 것을 알기 어렵다.

❹ **수피** : 코르크가 발달하고, 깊게 갈라진다.

겨울눈은 옅은 청자색을 띤다.

물푸레나무

Fraxinus rhynchophylla
【물푸레나무과 물푸레나무속】

낙엽교목 • 수고 10m • 분포 중국(동북부), 일본(혼슈 일부) ; 전국의 산지에 자생
• 용도 조경수, 운동구재, 총대, 농기구, 악기재, 기구재

깃꼴겹잎 – 마주나기 – 톱니
작은잎은 밑으로 갈수록 작아진다.

▲ 짧은가지

▲ 열매

❶ **겨울눈** : 폭이 넓은 달걀형이고, 끝이 뾰족하다. 3~4장의 눈비늘조각에 싸여있다. 옅은 청자색을 띠고 있어서 독특하다.
❷ **잎자국** : 콩팥형 또는 반원형. 관다발자국은 10~15개
❸ **가지** : 처음에는 털이 있다가, 점차 없어진다. 타원형의 껍질눈이 많다.
❹ **수피** : 암회색이며, 세로로 갈라진다.

가지 끝의 끝눈 좌우에 곁눈이 마주난다.

이팝나무

Chionanthus retusus 【물푸레나무과 이팝나무속】

낙엽교목 • 수고 25m • 분포 중국, 대만, 일본 ; 중부 이남의 산야에서 자람
• 용도 조경수, 가로수, 가구재, 염료재

조금 굵다

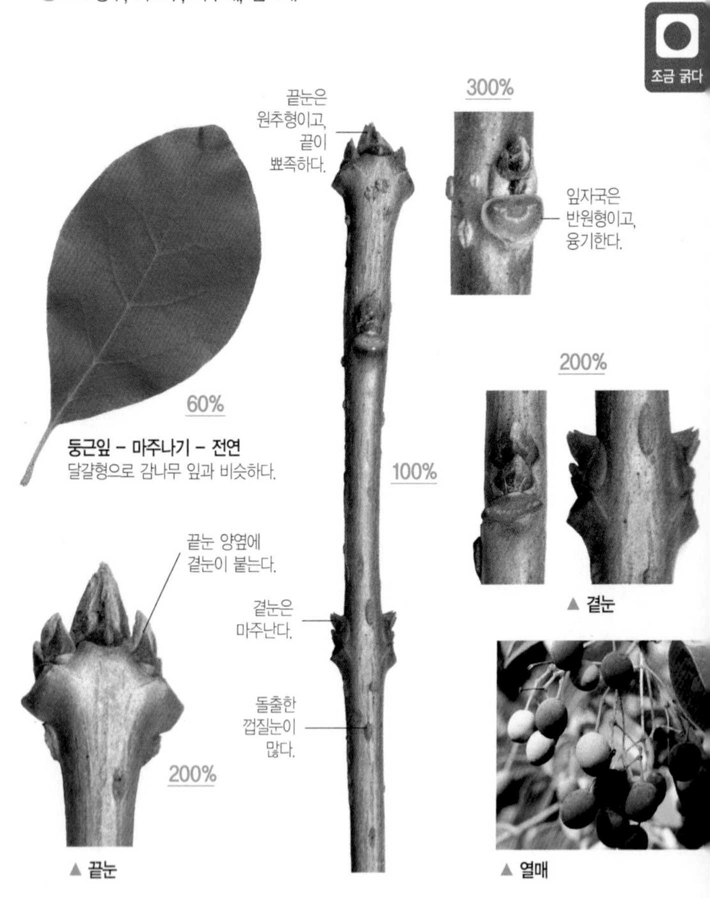

둥근잎 – 마주나기 – 전연
달걀형으로 감나무 잎과 비슷하다.

▲ 곁눈

▲ 끝눈

▲ 열매

❶ **겨울눈** : 가지 끝에 원뿔형의 끝눈이 1개 붙고, 좌우로 곁눈이 마주난다. 4~6장의 눈비늘조각에 싸여있다.
❷ **잎자국** : 반원형이고, 융기한다.
❸ **가지** : 회갈색이며, 어릴 때는 잔털이 있다.
❹ **수피** : 회색을 띤 갈색. 불규칙하게 세로로 갈라지며, 얇게 벗겨진다.

끝눈 양옆에 곁눈이 나란히 달린다.

복자기

Acer triflorum 【단풍나무과 단풍나무속】

낙엽교목 • 수고 20m • 분포 중국(동북부) ; 전국 각처에 분포하며, 중부 이북에 주로 자생
• 용도 공원수, 무늬목, 가구재, 합판재

손꼴겹잎 – 마주나기 – 톱니
가을의 붉은 단풍이 매우 아름답다.

▲ **열매**

① **겨울눈** : 가늘고 긴 물방울형이고, 8~15장의 눈비늘조각에 싸여있다. 보통 끝눈 양옆에 곁눈이 나란히 달린다(정생측아). 곁눈은 마주난다.

② **잎자국** : V자형 또는 초승달형. 관다발자국은 5그룹이 있고, 1그룹에 1~3개의 관다발자국이 있다.

③ **가지** : 황갈색이며, 회색의 거친 털이 빽빽하다.

④ **수피** : 회갈색이고 성목이 되면 세로로 갈라지며, 얇게 벗겨진다.

겨울눈은 달걀형이고, 끝이 조금 뾰족하다.

고로쇠나무

Acer pictum 【단풍나무과 단풍나무속】

낙엽교목 • 수고 20m • 분포 일본, 중국 ; 전국의 산지에 분포
• 용도 건축재, 가구재, 조경수, 식용(수액)

갈래잎 – 마주나기 – 전연
단풍나무 중에서 잎가장자리에 톱니가 없다.

▲ 열매

❶ **겨울눈** : 달걀형이고, 끝이 조금 뾰족하다. 6~10장의 눈비늘조각에 싸여있으며, 가장자리에 털이 있다. 곁눈은 마주나며, 위에서 보면 +자형으로 붙는다.
❷ **잎자국** : V자형이고, 관다발자국은 3개
❸ **가지** : 황갈색이고, 털이 없으며, 세로로 긴 껍질눈이 있다.
❹ **수피** : 회갈색이며, 세로로 얕게 갈라진다.

꽃눈은 구형이며, 가운데가 부풀어있다.

산딸나무

Cornus kousa 【층층나무과 층층나무속】

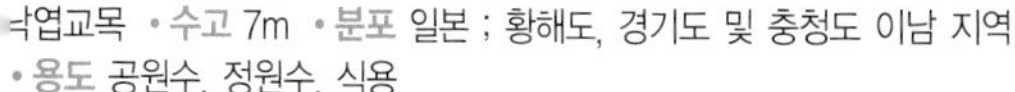

낙엽교목 • 수고 7m • 분포 일본 ; 황해도, 경기도 및 충청도 이남 지역
• 용도 공원수, 정원수, 식용

가늘다

둥근잎 – 마주나기 – 전연
맥이 잎 끝을 향해
둥글게 뻗어있다.

▲ **짧은가지**
사슴뿔 모양으로
뻗는다.

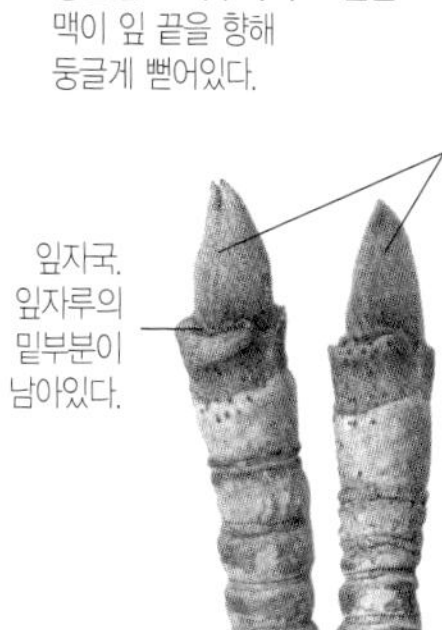

▲ **짧은가지**

▲ **전개 중인 겨울눈**

▲ **열매**

❶ **겨울눈** : 2장의 눈비늘조각이 마주보고 붙어있으며, 짧은 털로 덮여있다. 꽃눈은 거의 구형이고, 가운데가 부풀어있다. 잎눈은 원추형

❷ **잎자국** : V자형 또는 초승달형이고, 약간 융기한다. 관다발자국은 1개

❸ **가지** : 회갈색 또는 적갈색이고, 껍질눈이 많다. 짧은가지 아래에서 사슴뿔 모양의 긴 가지가 뻗는 경우가 많다. 짧은가지가 발달한다.

❹ **수피** : 어두운 적갈색이며, 노목에서는 비늘조각처럼 벗겨져서 얼룩무늬가 된다.

가지 끝에 2개의 가짜끝눈이 달린다.

계수나무

Cercidiphyllum japonicum
【계수나무과 계수나무속】

낙엽교목 • **수고** 25~30m • **분포** 일본이 원산지, 중국 ; 전국적으로 조경수로 식재
• **용도** 조경수, 공원수

▲ 열매와 짧은가지

❶ **겨울눈** : 물방울형~원추형이고 붉은색을 띠며, 광택이 있다. 가지 끝에 2개의 가짜끝눈이 나란히 달린다. 겨울눈은 2장의 눈비늘조각에 싸여있다.

❷ **잎자국** : V자형~초승달형이며, 조금 융기한다. 관다발자국은 3개

❸ **가지** : 긴가지와 짧은가지가 있으며, 2갈래로 갈라져 Y자형으로 뻗는다. 새 가지는 적갈색~갈색이고 털이 없으며, 둥근 껍질눈이 많다.

❹ **수피** : 어두운 회갈색. 세로로 얕게 갈라지며, 노목에서는 얇게 벗겨진다.

겯눈은 마주나며, 가지에 거의 직각으로 붙는다.

메타세쿼이아 *Metasequoia glyptostroboides*

【측백나무과 메타세쿼이아속】

낙엽교목 • 수고 35m • 분포 중국이 원산지 ; 전국에 공원수 가로수로 식재
• 용도 공원수, 가로수

▲ 열매

❶ **겨울눈** : 달걀형이고, 단면은 4각형. 12~16장의 눈비늘조각에 싸여있다. 곁눈은 마주나며, 가지와 거의 직각으로 붙는다.

❷ **잎자국** : 아주 작고, 반원형~초승달형이며, 흰색. 보통 겨울눈은 잎자국 위에 나지 않는다.

❸ **가지** : 어릴 때는 적녹색이며, 나중에 갈색으로 변한다. 가지가 떨어진 자국(가지자국, 枝痕)이 많다.

❹ **수피** : 적갈색이고, 세로로 거칠게 갈라져서 벗겨진다.

겨울눈 밑에 털이 조금 나 있다.

단풍나무

Acer palmatum 【단풍나무과 단풍나무속】

낙엽교목 • 수고 15m • 분포 일본 ; 중남부 및 제주도의 산지
• 용도 공원수, 정원수, 분재용, 가구재, 조각재, 악기재

갈래잎 – 마주나기 – 톱니
5~7갈래로 갈라지는 갈래잎의 대표

▲ 겨울눈은 마주난다.

▲ 열매

❶ **겨울눈** : 삼각형 또는 물방울형이고, 끝이 뾰족하다. 겨울눈 밑에 털이 있다. 가지 끝에 2개의 가짜끝눈이 붙는다. 눈비늘조각은 2~4장이며, 앞에서 보면 3장이 보인다.
❷ **잎자국** : 초승달형이고, 관다발자국은 3개
❸ **가지** : 털이 없고, 햇빛을 받은 쪽은 붉은색이고, 반대쪽은 녹색을 띤다.
❹ **수피** : 약목은 녹색이고, 매끈하다. 성목은 회갈색이고, 세로로 얕게 갈라진다.

가지 끝에 2개의 가짜끝눈이 붙는다.

당단풍나무

Acer pseudosieboldianum
【단풍나무과 단풍나무속】

가늘다

낙엽교목 •**수고** 8m •**분포** 중국 동북부, 극동러시아 ; 전국의 산지에 분포
•**용도** 조경수, 공원수, 건축재, 가구재, 선박재, 무늬목, 공예재

▲ 열매

❶ **겨울눈** : 달갈형이고, 끝이 뾰족하다. 겨울눈 밑에 긴 털이 촘촘히 나 있다. 끝눈은 생기지 않고, 가지 끝에 2개의 가짜끝눈이 붙는다.
❷ **잎자국** : V자형~U자형이고, 관다발자국은 3개
❸ **가지** : 잔가지에는 적갈색 털이 조금 있지만, 점차 없어지고 광택이 난다. 햇빛을 받은 쪽은 붉은색을 띠고, 반대쪽은 녹색을 띤다.
❹ **수피** : 회색 또는 회갈색이며, 밋밋하다.

눈비늘조각 가장자리에 짧은 털이 있다.

중국단풍

Acer buergerianum 【단풍나무과 단풍나무속】

낙엽교목 • 수고 15m • 분포 중국, 타이완이 원산지 ; 전국에 가로수 및 공원수로 식재
• 용도 조경수, 공원수, 약용

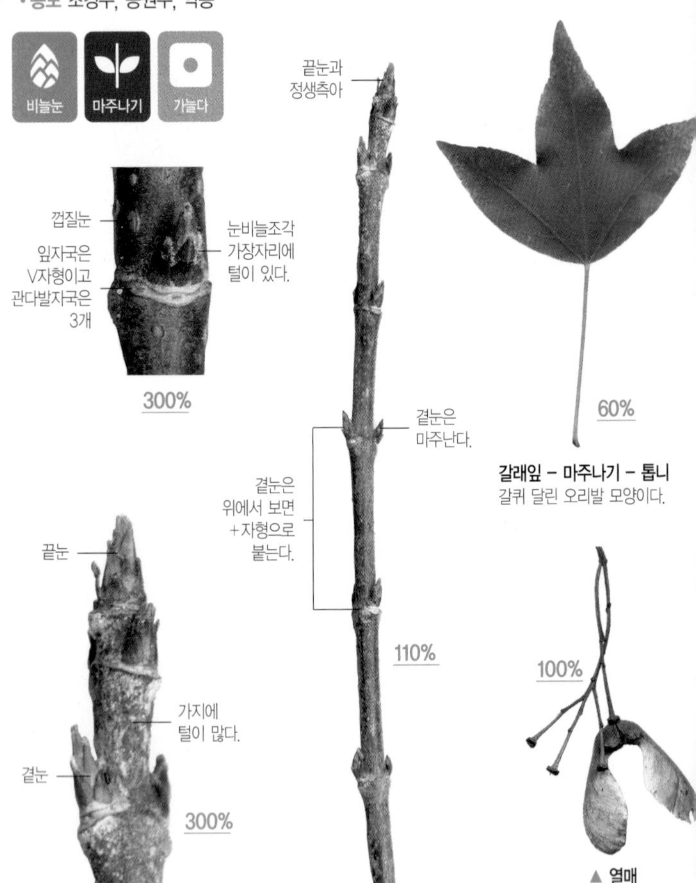

갈래잎 – 마주나기 – 톱니
갈퀴 달린 오리발 모양이다.

▲ 열매

❶ **겨울눈** : 물방울형이고, 끝이 뾰족하다. 18~26장의 눈비늘조각에 싸여있으며, 정면에서 보면 7장 정도가 보인다. 가지 끝에 정생측아를 동반한다.
❷ **잎자국** : V자형~하트형이며, 관다발자국은 3개
❸ **가지** : 흰색의 부드러운 털이 있고, 껍질눈이 흩어져 난다.
❹ **수피** : 회갈색이며, 오래되면 얇은 종잇장처럼 벗겨진다.

끝눈은 폭이 넓은 물방울 모양

산검양옻나무

Toxicodendron sylvestris
【옻나무과 옻나무속】

교목

맨눈

어긋나기

아주 굵다

낙엽교목 • 수고 10m • 분포 중국, 일본, 대만 ; 주로 제주도 및 경남, 전남의 낮은 산지 • 용도 약용, 밀초(과피)

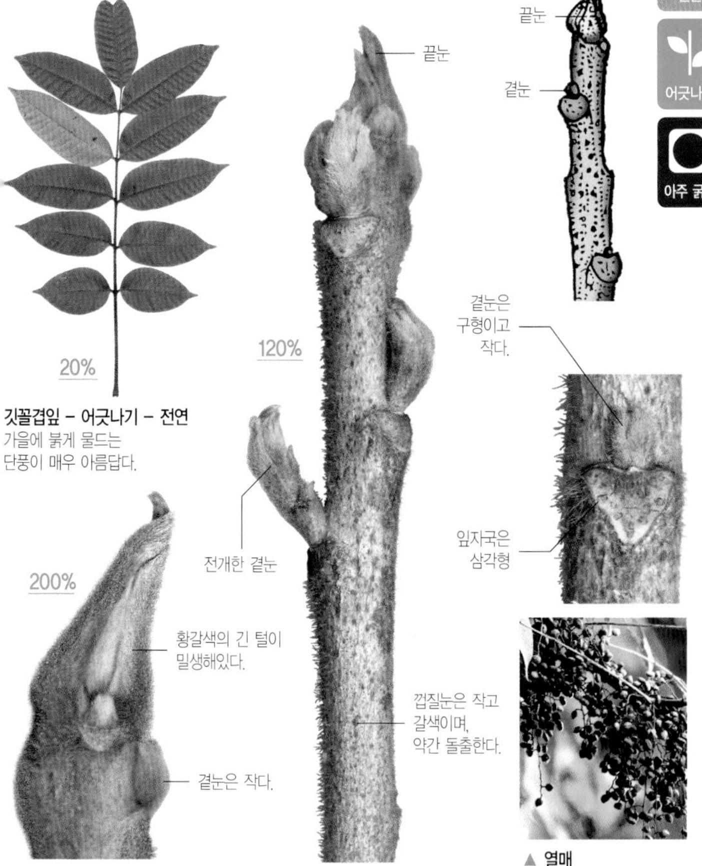

깃꼴겹잎 – 어긋나기 – 전연
가을에 붉게 물드는
단풍이 매우 아름답다.

▲ 열매

❶ **겨울눈** : 끝눈은 폭이 넓은 물방울형이고, 곁눈은 구형이다. 황갈색의 긴 털이 밀생해있다.

❷ **잎자국** : 하트형~삼각형이고, 조금 융기한다. 관다발자국은 여러 개가 흩어져있다.

❸ **가지** : 1년생가지에는 털이 없다. 돌출한 작은 껍질눈이 많다.

❹ **수피** : 회갈색~암적색이고, 평활하다. 노목에서는 세로로 갈라진다.

겨울눈은 맨눈이며, 적갈색의 털이 많다.

옻나무

Rhus verniciflua 【옻나무과 옻나무속】

낙엽교목 • 수고 20m • 분포 중국, 인도가 원산지 ; 거의 전국에 재배, 일부 야생상으로 퍼짐 • 용도 약용, 옻칠의 원료(수액)

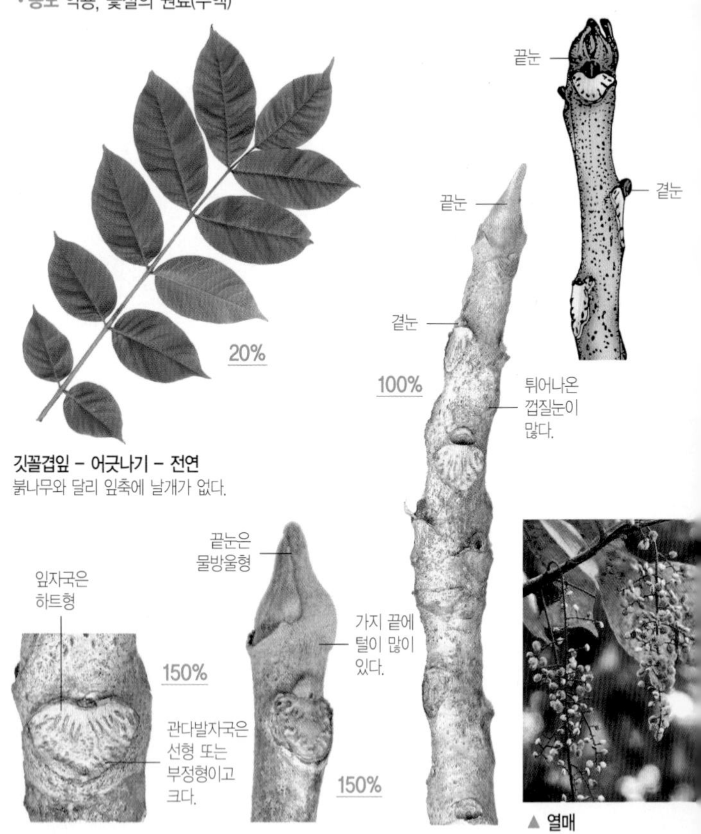

깃꼴겹잎 – 어긋나기 – 전연
붉나무와 달리 잎축에 날개가 없다.

▲ 열매

❶ **겨울눈** : 맨눈이며, 적갈색의 털이 빽빽이 나 있다. 끝눈은 크고, 물방울형~원추형. 곁눈은 작고, 달걀형

❷ **잎자국** : 하트형~삼각형이고, 조금 융기한다. 관다발자국은 5~15개이고, V자형으로 배열되어있다.

❸ **가지** : 어린 가지에는 부드러운 털이 많지만, 점차 사라진다. 타원형의 껍질눈이 많다. 잘린 가지에서 유액이 나오며, 피부에 닿으면 염증을 일으킨다.

❹ **수피** : 회백색이며, 세로로 얕게 갈라진다.

잎자국은 양(羊)의 얼굴 모양

가래나무

Juglans mandshurica
【가래나무과 가래나무속】

교목

맨눈

어긋나기

아주 굵다

낙엽교목 • 수고 20m • 분포 중국, 일본, 대만 ; 경북(팔공산, 주왕산) 이북의 산지 계곡
• 용도 약용, 건축재, 가구재, 조각재

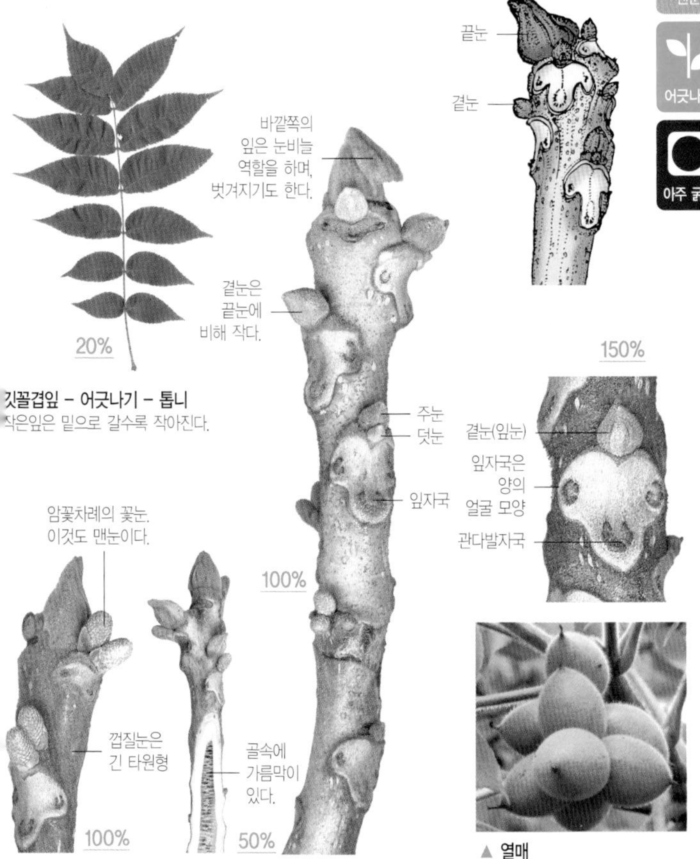

▲ 열매

❶ **겨울눈** : 끝눈은 맨눈이고 원추형이며, 갈색의 짧은 털이 밀생한다. 곁눈은 끝눈에 비해 작은 편이며, 세로덧눈이 있다.
❷ **잎자국** : T자형이고 크며, 양(羊)의 얼굴 모양이다. 관다발자국은 3그룹으로 나뉘어있다.
❸ **가지** : 아주 굵고, 털이 있다. 긴 타원형의 껍질눈이 많다. 골속(髓)에 가름막이 있다.
❹ **수피** : 회색 또는 짙은 회색이며, 세로로 얕게 갈라진다.

겨울눈은 맨눈이며, 적갈색~짙은 황갈색 털로 덮여있다.

소태나무

Picrasma quassioides 【소태나무과 소태나무속】

낙엽교목 • 수고 10~12m • 분포 중국 ; 전국적으로 분포 • 용도 약용, 조각재, 기구재, 섬유재

깃꼴겹잎 – 어긋나기 – 톱니
잎과 줄기에서 강한 쓴 맛이 난다.

▲ 끝눈

▲ 곁눈

▲ 열매

❶ **겨울눈** : 적갈색~짙은 황갈색 털로 덮인 맨눈이다. 끝눈은 크고 달걀 모양의 원추형~둥근 원추형이며, 주먹을 쥔 것 같은 형상이다. 곁눈은 작고, 달걀형~구형이다.

❷ **잎자국** : 반원형~원형이며, 연한 회녹색을 띤다. 관다발자국은 5~7개

❸ **가지** : 자갈색 또는 회갈색이고, 약간 지그재그로 난다. 껍질눈은 작고 원형~타원형이다.

❹ **수피** : 회갈색~흑갈색이며, 오래되면 세로로 불규칙하게 갈라진다.

처음에는 눈비늘이 있지만, 곧 떨어져서 맨눈이 된다.

중국굴피나무

Pterocarya stenoptera
〔가래나무과 중국굴피나무속〕

엽교목 • 수고 30m • 분포 중국 중북부가 원산지 ; 전국에 공원수 및 정원수로 식재
용도 조경수, 약용, 관상용

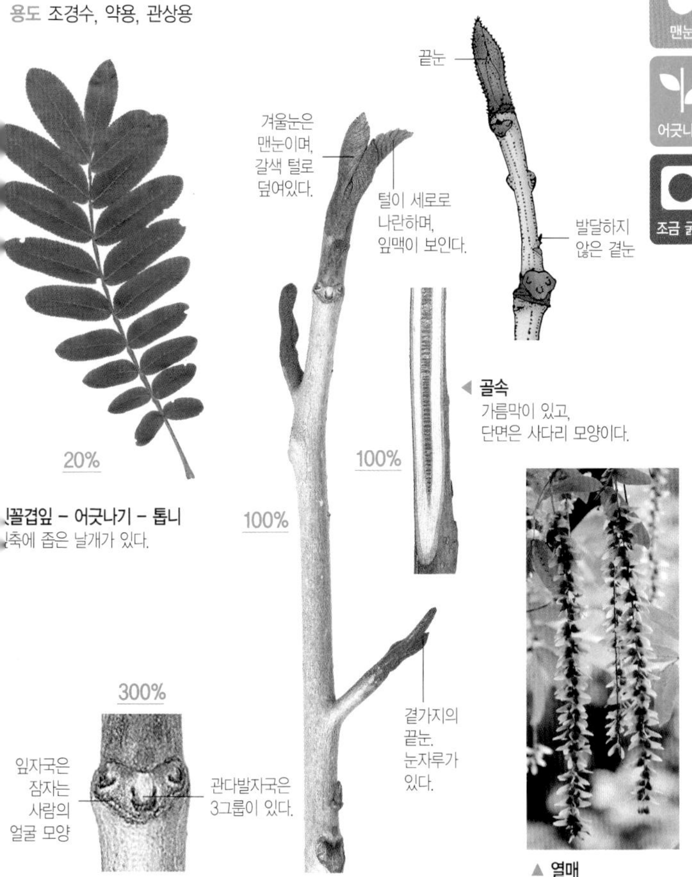

▲ 열매

- **겨울눈** : 눈비늘이 있지만, 곧 떨어져서 맨눈이 된다. 눈자루가 있으며, 갈색의 부드러운 털로 덮여있다. 끝눈은 원통형이며, 끝이 뾰족하다. 곁눈에는 덧눈이 붙는다.
- **잎자국** : 하트형이며, 잠자는 사람의 얼굴 모양이다. 3그룹의 관다발자국이 있다.
- **가지** : 골속에는 사다리 모양의 가름막이 있다.
- **수피** : 회갈색이며, 세로로 깊게 갈라진다.

끝눈에 잎맥의 주름이 보인다.

예덕나무

Mallotus japonicus 〔대극과 예덕나무속〕

낙엽교목 • 수고 10m
• 분포 중국, 일본, 대만 ; 경남, 전남, 충남 등 서 · 남해안 및 제주도의 산지
• 용도 약용(수피), 건축재, 가구재

▲ 곁눈

▲ 끝눈

▲ 열매

❶ **겨울눈** : 맨눈이고, 별모양의 털이 많이 나있으며, 잎맥의 주름이 보인다. 곁눈은 작다.
❷ **잎자국** : 원형~반원형이고, 융기한다. 관다발자국은 여러 개가 산재해있다.
❸ **가지** : 별모양의 털이 빽빽하며, 얕은 골이 있다.
❹ **수피** : 세로로 갈라지며, 서로 교차하여 그물망 모양을 이룬다.

끝눈은 펜 끝처럼 뾰족하다.

말채나무

Cornus walteri 〔층층나무과 층층나무속〕

낙엽교목 • 수고 10m • 분포 동북아시아 온대 지역에 넓게 분포 ; 전국의 산지
• 용도 조경수, 건축재, 가구재

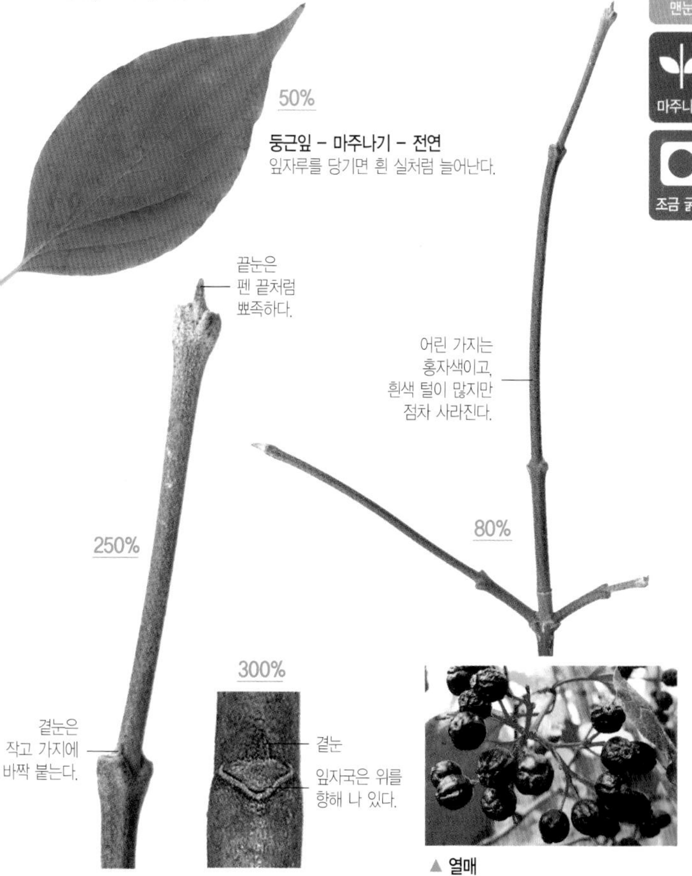

▲ 열매

① **겨울눈** : 눈비늘조각이 없는 맨눈. 끝눈은 붓 끝같은 모양이며, 흑갈색의 짧은 털이 밀생한다.

② **잎자국** : U자형 또는 반원형이고, 융기한다. 관다발자국은 3개

③ **가지** : 어린 가지는 홍자색이고, 능이 있다.

④ **수피** : 회갈색 또는 회흑색이며, 그물 모양으로 갈라진다.

겨울눈은 잎자국 속에 숨어서 보이지 않는다(묻힌눈).

아까시나무

Robinia pseudoacacia
【콩과 아까시나무속】

조금 굵다

낙엽교목 • 수고 25m • 분포 북아메리카가 원산지 ; 전국의 산야에 식재되어 있음 • 용도 밀원식물, 사료용, 가구재

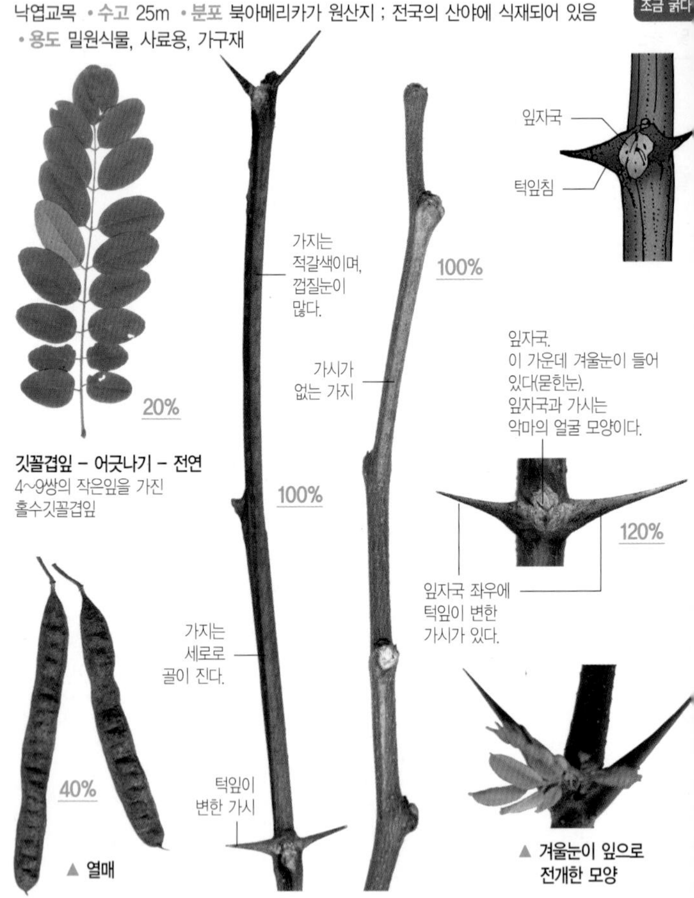

깃꼴겹잎 – 어긋나기 – 전연
4~9쌍의 작은잎을 가진 홀수깃꼴겹잎

▲ 열매

▲ 겨울눈이 잎으로 전개한 모양

❶ **겨울눈** : 겨울눈은 잎자국 속에 숨어 보이지 않는다(숨은눈, 隱芽). 봄이 되면, 잎자국이 3갈래로 갈라져서 눈이 보인다.

❷ **잎자국** : 둥근 형태의 삼각형. 잎자국 중앙이 부풀어 있으며, 3갈래로 갈라진 경우가 많다. 잎자국 좌우에 턱잎이 변한 가시가 있다. 관다발자국은 3개

❸ **가지** : 적갈색이며, 껍질눈이 많다.

❹ **수피** : 회갈색~황갈색이며, 세로로 거칠게 갈라진다.

겨울눈은 잎자국 속에 숨어 보이지 않는다(묻힌눈).

자귀나무

Albizia julibrissin 【콩과 자귀나무속】

낙엽교목 • 수고 3~5m • 분포 북반구 열대~온대 지역 ; 황해도~강원도 이남의 산지 및 하천변 • 용도 조경수, 비료목, 약용, 가구재, 해안사방용

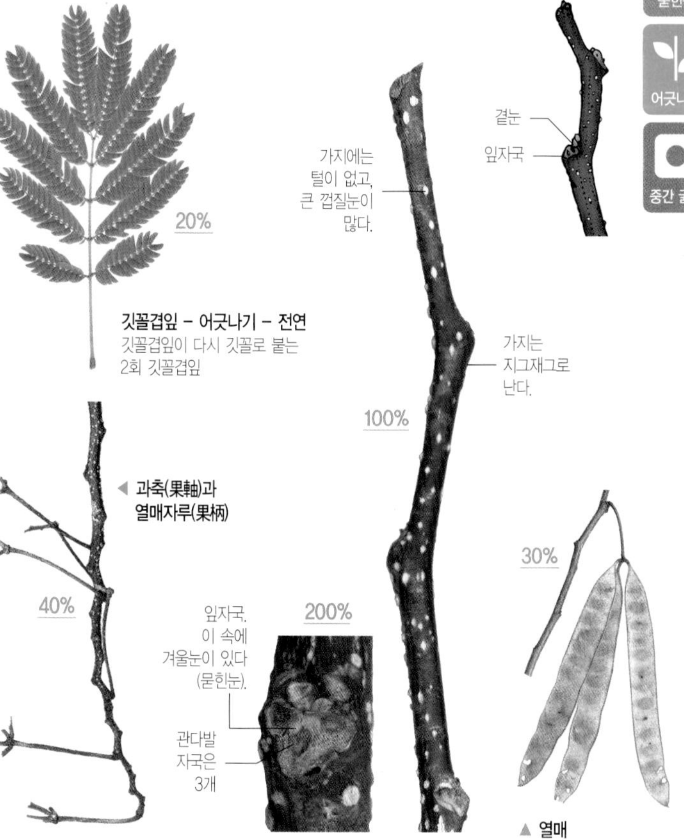

❶ **겨울눈** : 잎자국 속에 있어 보이지 않는다(숨은눈, 隱芽). 봄이 되면, 잎자국이 갈라지고 그 속에서 겨울눈이 나온다.

❷ **잎자국** : 위에 작은 덧눈이 있다. 잎자국은 삼각형~반원형이며, 관다발자국은 3개

❸ **가지** : 어두운 녹색을 띠는 갈색. 지그재그로 나며, 가지 끝으로 갈수록 강하게 굴곡한다(이것만으로도 자귀나무를 구별할 수 있다). 원형의 껍질눈이 많다.

❹ **수피** : 회갈색이고, 껍질눈이 많다.

겨울눈은 잎자국 속에 있고, 일부만 보인다(반묻힌눈).

회화나무

Sophora japonica 【콩과 회화나무속】

낙엽교목 • 수고 10~30m • 분포 중국이 원산지 ; 전국에 정원수, 가로수로 식재
• 용도 공원수, 가로수, 가구재, 약용, 염료

가늘다

20%

깃꼴겹잎 – 어긋나기 – 전연
아까시나무 잎과 달리 끝이 뾰족하다.

껍질눈이 흩어져 있다.

110%

110%

잎자국은 융기한다.

가지는 암록색이며, 짧은 털이 있다.

▲ 곁눈

잎자국 양 어깨에 턱잎자국이 있다.

겨울눈은 막으로 덮여있다.

엽침

300%

70%

▲ 열매

❶ **겨울눈** : 겨울눈은 잎자국 아래에 숨어 있지만, 흑갈색 털로 덮인 일부가 보인다(반묻힌눈).
❷ **잎자국** : U자형~V자형이고, 관다발자국은 3개. 잎자국 아래의 부푼 부분은 엽침
❸ **가지** : 껍질눈이 흩어져 나고, 가지를 자르면 냄새가 난다.
❹ **수피** : 진한 회갈색이며, 세로로 깊게 갈라진다.

Chapter 02

소교목

교목 중에서 수고가 대략 3~8m 정도의 비교적 소형 목본식물

끝눈은 길쭉하며, 가죽질의 큰 눈비늘조각에 싸여있다.

함박꽃나무

Magnolia sieboldii 【목련과 목련속】

낙엽소교목 • **수고** 7m • **분포** 중국, 일본 ; 한반도 전역 • **용도** 공원수, 정원수

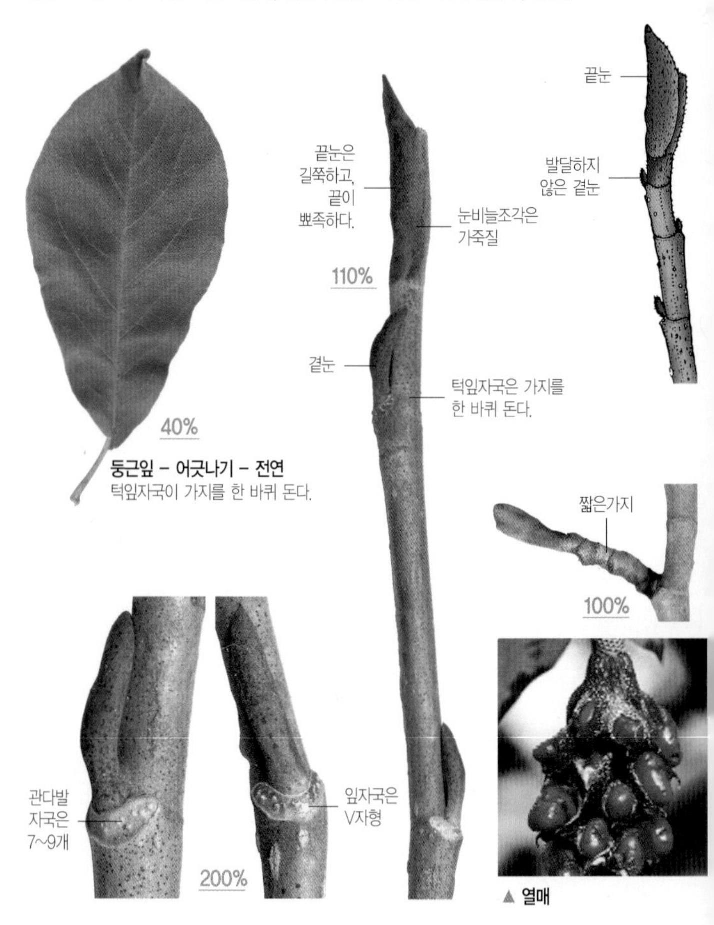

▲ 열매

❶ **겨울눈** : 끝눈은 길쭉하고, 끝이 조금 뾰족하며, 가죽질의 큰 눈비늘조각에 싸여있다. 눈비늘은 턱잎과 잎자루가 합착되어있다.
❷ **잎자국** : V자형이고, 관다발자국은 7~9개
❸ **가지** : 굵고, 턱잎자국은 가지를 한 바퀴 돈다.
❹ **수피** : 잿빛이 도는 황갈색이며, 밋밋하다. 흰색 껍질눈이 많다.

눈비늘조각 가장자리에 털이 있다.

모감주나무

Koelreuteria paniculata
【무환자나무과 모감주나무속】

비늘눈

어긋나기

조금 굵다

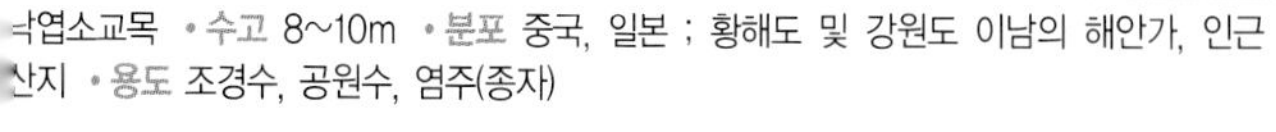

낙엽소교목 • 수고 8~10m • 분포 중국, 일본 ; 황해도 및 강원도 이남의 해안가, 인근 산지 • 용도 조경수, 공원수, 염주(종자)

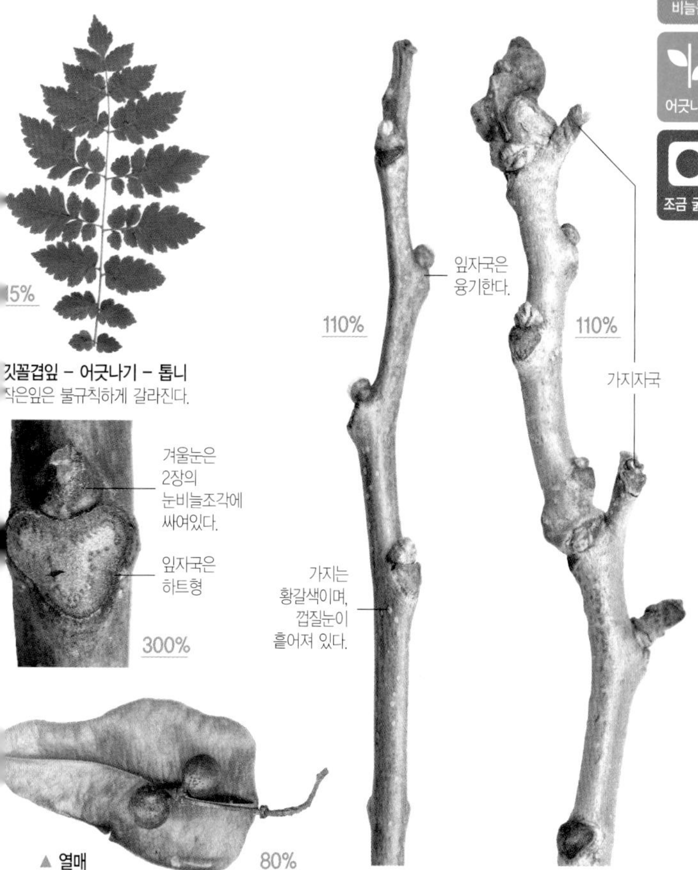

① **겨울눈** : 원추형 또는 삼각형이며, 2장의 눈비늘조각에 싸여있다. 눈비늘조각 가장자리에 털이 있다.

② **잎자국** : 삼각형 또는 하트형이며, 많이 융기한다.

③ **가지** : 굵고, 황갈색이며, 껍질눈이 산재해있다. 짧은 털이 있다가 점차 없어진다.

④ **수피** : 회갈색이며, 세로로 얕게 갈라져서 벗겨진다.

맨눈처럼 보이지만, 3~4장의 눈비늘조각에 싸여있다.

붉나무

Rhus javanica
【옻나무과 옻나무속】

낙엽소교목 • 수고 7m • 분포 중국, 일본, 대만, 베트남, 동남아시아 ; 전국의 야산 • 용도 열매 약용

깃꼴겹잎 – 어긋나기 – 톱니
잎축에 날개가 있다.

▲ **열매**

❶ **겨울눈** : 반구형. 황갈색의 부드러운 털로 덮여 있어서 맨눈처럼 보이지만, 3~4장의 눈비늘조각에 싸여있다. 끝눈은 생기지 않고, 곁눈과 크기가 비슷한 가짜끝눈이 있다.
❷ **잎자국** : U자형 또는 V자형이고, 융기한다. 여러 개의 관다발자국이 있다.
❸ **가지** : 황갈색 털로 덮여 있지만 점차 없어진다. 가지를 자르면 유액이 나온다.
❹ **수피** : 회갈색이며, 껍질눈이 많다.

겨울눈은 원추형이며, 적갈색을 띤다.

안개나무

Cotinus coggygria 【옻나무과 안개나무속】

낙엽소교목 • 수고 7m • 분포 중국, 히말라야, 남유럽이 원산지 ; 전국에 조경수로 식재 • 용도 조경수, 약용, 황색 염료

둥근잎 – 어긋나기 – 전연
달걀형이며, 잎끝이 둥그스름하다.

▲ 끝눈

▲ 곁눈

▼ 가지 끝에 겨울눈이 모여있다.

▲ 열매

❶ **겨울눈** : 원추형이며, 적갈색을 띤다.
❷ **잎자국** : 반원형 또는 타원형이며, 관다발자국은 3개
❸ **가지** : 적갈색이며, 작은 껍질눈이 많이 산재해있다.
❹ **수피** : 회갈색이며, 오래된 것은 불규칙하게 갈라져서 얇게 벗겨진다.

겨울눈은 달걀형 또는 원추형이며, 끝이 뾰족하다.

배나무

Pyrus serotina var. culta 【장미과 배나무속】

낙엽소교목 •수고 5~10m •분포 중국, 일본 ; 강원도 이남 지역 •용도 관상용, 식용, 약용, 분재

▲ 짧은가지 ▲ 전개 중인 겨울눈 ▲ 짧은가지 ▲ 열매

❶ **겨울눈** : 달걀형 또는 원추형이고, 끝이 뾰족하다. 5~7장의 눈비늘조각에 싸여있다. 끝눈은 곁눈보다 크다.

❷ **잎자국** : 삼각형이고, 관다발자국은 3개

❸ **가지** : 갈색 또는 자갈색이며, 처음에는 털이 있다가 점차 없어진다.

❹ **수피** : 흑회색이고, 세로로 불규칙하게 갈라진다.

잎자국은 눈과 코가 보이는 사람 얼굴 모양이다.

사람주나무

Sapium japonicum
【대극과 사람주나무속】

낙엽소교목 • 수고 6m • 분포 일본 ; 동해안을 따라 강원도 설악산까지, 내륙으로는 경북 운문산 및 전북 이남의 숲속 • 용도 조경수, 기름(종자)

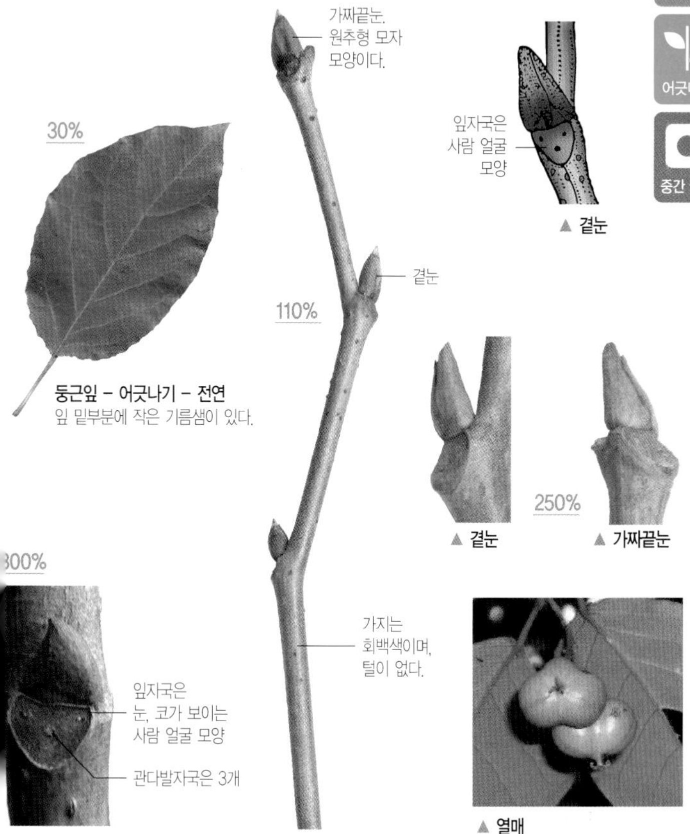

① **겨울눈** : 끝눈은 원추형이고, 끝이 뾰족하다. 2장의 눈비늘조각에 싸여있으며, 털은 없다.

② **잎자국** : 반원형 또는 삼각형이며, 관다발자국은 3개

③ **가지** : 회백색이고 털이 없으며, 껍질눈이 드문드문 있다. 가지를 자르며 흰색 유액이 나온다.

④ **수피** : 광택이 나는 회백색이며, 사람의 근육처럼 미끈하다.

가지는 자갈색이며, 털이 있다가 점차 없어진다.

꽃사과

Malus prunifolia 【장미과 사과나무속】

낙엽소교목 • 수고 3~10m
• 분포 유럽 및 아시아가 원산지이며, 남반구에는 없다 ; 전국에 식재
• 용도 조경수, 정원수, 분화용

❶ **겨울눈** : 달걀형이고, 끝이 뾰족하다. 3~4장의 눈비늘조각에 싸여있다. 끝눈은 곁눈보다 약간 크다.

❷ **잎자국** : 삼각형~V자형이며, 관다발자국은 3개

❸ **가지** : 자갈색이며, 털이 있다가 점차 없어진다.

❹ **수피** : 회갈색이며, 세로로 갈라지고, 오래되면 조각으로 벗겨진다.

겨울눈은 물방울형이며, 회백색 털이 많다.

복사나무

Prunus persica 【장미과 벚나무속】

낙엽소교목 • 수고 6m • 분포 중국이 원산지며 일본, 중국 등지에서 널리 식재 ; 함경북도를 제외한 전국에 과수로 재배 • 용도 과수, 약용

둥근잎 – 어긋나기 – 톱니
잎자루에 쌀알 모양의 꿀샘이 1~2쌍 있다.

▲ **열매**

1. **겨울눈** : 물방울형이며, 끝이 뾰족하다. 눈비늘조각은 4~10장이며, 회백색 털이 많다. 1~3개의 겨울눈이 옆으로 나란히 붙는다.
2. **잎자국** : 타원형 또는 삼각형이고, 융기한다.
3. **가지** : 흰색의 작은 점이 많다. 털이 없고, 햇빛을 받는 부분은 붉은색을 띤다.
4. **수피** : 흑갈색이고, 벚나무류처럼 가로로 긴 껍질눈이 있다.

가지는 자갈색이며, 광택이 난다.

살구나무

Prunus armeniaca [장미과 벚나무속

낙엽소교목 • 수고 5~12m • 분포 중국이 원산지 ; 전국에 널리 식재 • 용도 과실수, 약용

▲ 전개 중인 겨울눈

▲ 전개 중인 겨울눈

▲ 열매

❶ **겨울눈** : 달걀형 또는 넓은 달걀형이며, 18~22장의 눈비늘조각에 싸여있다.
❷ **잎자국** : 콩팥형 또는 타원형이며, 융기한다.
❸ **가지** : 자갈색이고 털이 없으며, 광택이 있다. 짧은가지에는 꽃눈이 생기기 쉽다.
❹ **수피** : 적갈색이며, 오래되면 세로로 불규칙하게 갈라진다.

눈비늘조각 가장자리에 회색 털이 있다.

야광나무

Malus baccata 【장미과 사과나무속】

어긋나기

낙엽소교목 • 수고 6m
• 분포 중국, 극동러시아, 일본 ; 평안남북도, 함경남북도~백두대간
• 용도 조경수, 염료, 식용

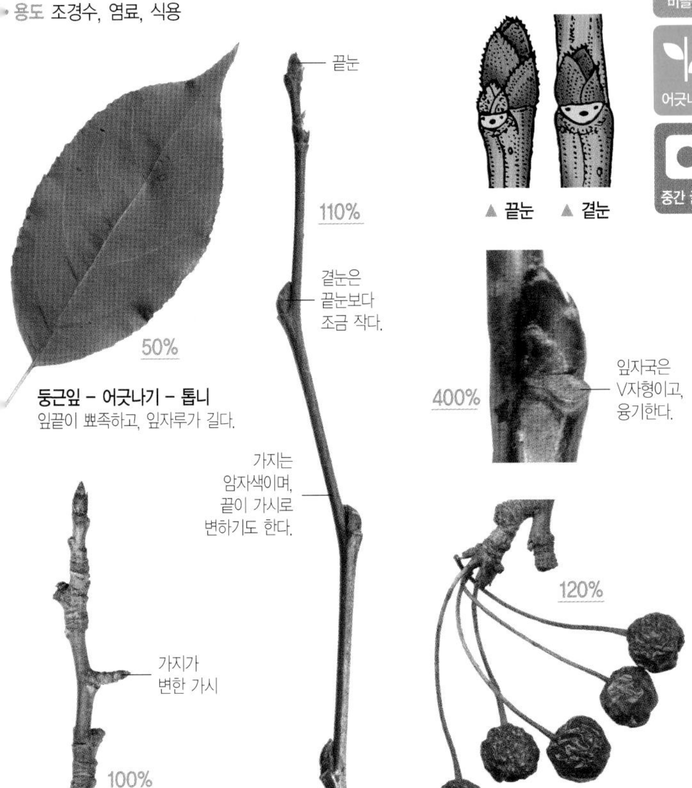

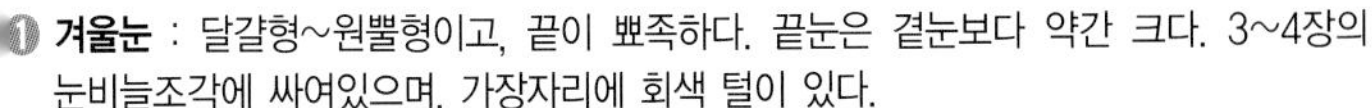

① **겨울눈** : 달걀형~원뿔형이고, 끝이 뾰족하다. 끝눈은 곁눈보다 약간 크다. 3~4장의 눈비늘조각에 싸여있으며, 가장자리에 회색 털이 있다.

② **잎자국** : V자형~초승달형이며, 융기한다. 관다발자국은 3개

③ **가지** : 암자색이며, 가지 끝이 가시로 변하기도 한다. 짧은가지가 발달한다.

④ **수피** : 회갈색이며, 세로로 불규칙하게 갈라진다.

1~3개의 겨울눈이 옆으로 나란히 붙는다.

자두나무

Prunus salicina 【장미과 벚나무속

낙엽소교목 • 수고 10m • 분포 중국이 원산지며 중국, 극동러시아 ; 전국적으로 널리 재배 • 용도 과실수, 약용

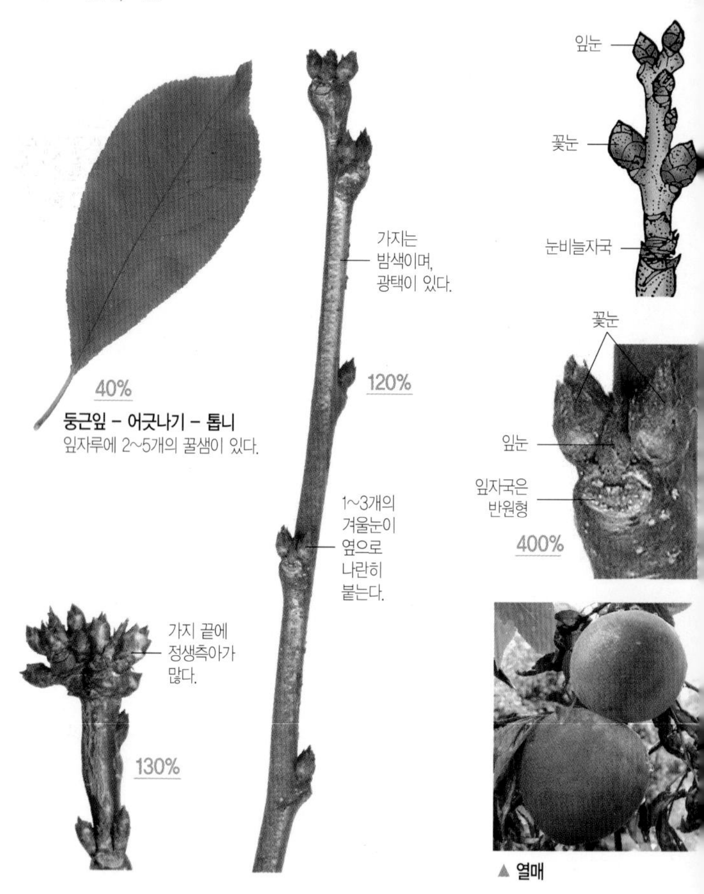

▲ 열매

❶ **겨울눈** : 꽃눈은 짧은 물방울형이고, 잎눈은 짧은 원추형. 1~3개의 겨울눈이 옆으로 나란히 붙는다. 6~8장의 털이 없는 눈비늘조각에 싸여있다.

❷ **잎자국** : 반원형이며, 대부분 3개의 관다발자국이 있다.

❸ **가지** : 털이 없고 밤색이며, 광택이 있다. 세력이 강한 곁가지의 끝은 가시 모양이 된다.

❹ **수피** : 자갈색이며, 가로로 긴 껍질눈이 많다. 오래되면 세로로 갈라진다.

잎겨드랑이에 가지가 변해서 된 가시가 있다.

꾸지뽕나무

Cudrania tricuspidata
【뽕나무과 꾸지뽕나무속】

소교목

비늘눈

어긋나기

중간 굵기

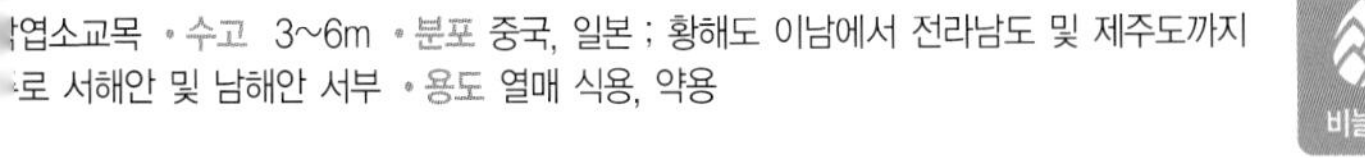

엽소교목 • 수고 3~6m • 분포 중국, 일본 ; 황해도 이남에서 전라남도 및 제주도까지
로 서해안 및 남해안 서부 • 용도 열매 식용, 약용

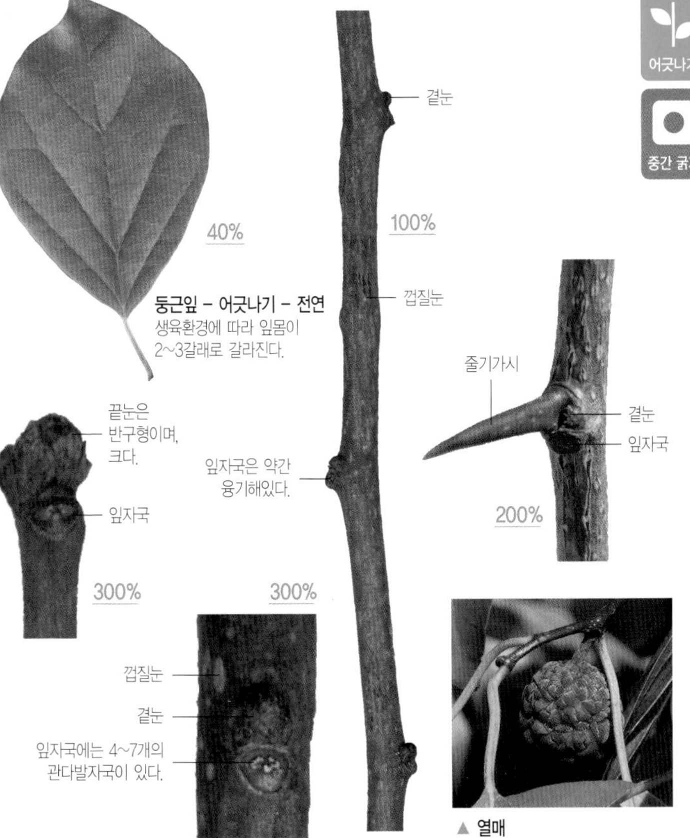

▲ 열매

겨울눈 : 반구형이며, 겉으로 보이는 눈비늘조각은 6개이고, 가로덧눈이 붙는다.
잎자국 : 반원형~타원형이며, 4~7개의 관다발자국이 있다.
가지 : 잎겨드랑이에 가지가 변해서 된 가시(莖針)가 있다. 잔가지는 연한 갈색~회갈색이며 털이 있다.
수피 : 갈색이며, 오래되면 세로로 얕게 갈라진다.

가지는 자갈색이며, 털이 없고 짧은가지가 발달한다.

아그배나무

Malus sieboldii 【장미과 사과나무속

낙엽소교목 • 수고 6~10m • 분포 일본, 중국 중남부 ; 황해도 이남 • 용도 조경수, 분재, 대목(사과나무)

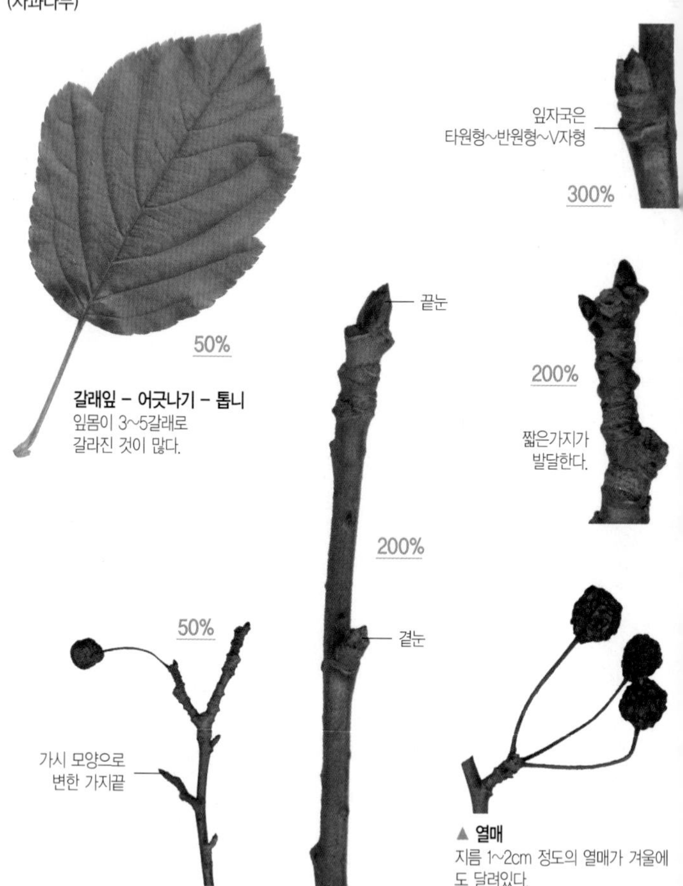

▲ **열매**
지름 1~2cm 정도의 열매가 겨울에도 달려있다.

❶ **겨울눈** : 물방울형~긴 달걀형이고 끝이 뾰족하며, 어두운 적색을 띤다. 3~4장의 눈비늘조각에 싸여있다.
❷ **잎자국** : 타원형~반원형~V자형이며, 작다. 관다발자국은 3개
❸ **가지** : 자갈색이고 털이 없으며, 짧은가지가 발달한다. 가지끝은 뾰족한 가시 모양이다.
❹ **수피** : 회갈색이고 세로로 갈라지며, 오래되면 조각으로 벗겨진다.

눈비늘조각 가장자리에 흰색 털이 많다.

소사나무

Carpinus turczaninovii
[자작나무과 서어나무속]

낙엽소교목 • 수고 8m • 분포 중국, 일본 ; 서 · 남해안 바닷가의 산지 및 바위지대, 강원도 일부 내륙 지역 • 용도 분재, 조경수, 농기구재

▲ 전개 중인 겨울눈

▲ 열매

1. **겨울눈** : 달걀형이며, 갈색 또는 적갈색 눈비늘조각에 싸여있다. 눈비늘조각 가장자리에 흰색 비단털이 많다.
2. **잎자국** : 반원형이며, 관다발자국은 3개
3. **가지** : 1년생가지는 누운 털이 많다. 2년 이후의 작은 가지는 옅은 갈색이며, 가늘다.
4. **수피** : 회갈색 또는 짙은 회색이며, 세로로 얕게 갈라진다.

꽃눈은 달걀형이고, 잎눈은 원추형

매실나무

Prunus mume 【장미과 벚나무속】

낙엽소교목 • 수고 4~6m • 분포 중국(서남부)이 원산지, 일본, 대만 ; 전국적으로 널리 재배 • 용도 관상수, 열매 식용, 약용

▲ 전개 중인 꽃눈

❶ **겨울눈** : 꽃눈은 폭이 넓은 달걀형이고, 잎눈은 원추형. 1~3개의 겨울눈이 가로로 나란히 붙는다. 11~14장의 눈비늘조각에 싸여있다.

❷ **잎자국** : 반원형 또는 삼각형이고, 조금 융기한다. 관다발자국은 3개

❸ **가지** : 햇가지는 녹색이며, 곁가지의 끝이 가시로 변하기도 한다.

❹ **수피** : 짙은 회색이며, 불규칙하게 갈라진다.

낙엽 후에도 잎자루가 남아 있어, 겨울눈을 보호한다.

윤노리나무

Pourthiaea villosa
【장미과 윤노리나무속】

낙엽소교목 • 수고 5m • 분포 중국, 일본 ; 중부 이남에 분포하지만, 주로 남부 지역 산지에 자람 • 용도 조경수

▲ 열매

① **겨울눈** : 원추형~달걀형이고 적갈색을 띠며, 광택이 난다. 4~6장의 눈비늘조각에 싸여 있다. 낙엽 후에도 잎자루의 기부가 남아있어, 겨울눈의 기부를 보호한다(윤노리나무속, 마가목속, 사과나무속의 특징).

② **잎자국** : V자형~초승달형이고, 융기한다.

③ **가지** : 햇가지에는 부드러운 털이 빽빽하지만, 점차 없어진다.

④ **수피** : 암회색이며, 밋밋하면서도 껍질눈이 있어 거칠다.

가지는 보통 녹색이고, 4개의 능이 있다.

참빗살나무

Euonymus hamiltonianus
【노박덩굴과 화살나무속】

낙엽소교목 • 수고 8m • 분포 중국, 일본, 러시아, 미얀마 ; 중부 이남 산지의 숲가장자리, 능선 및 바위지대 • 용도 조경수, 세공재, 식용(잎), 약용

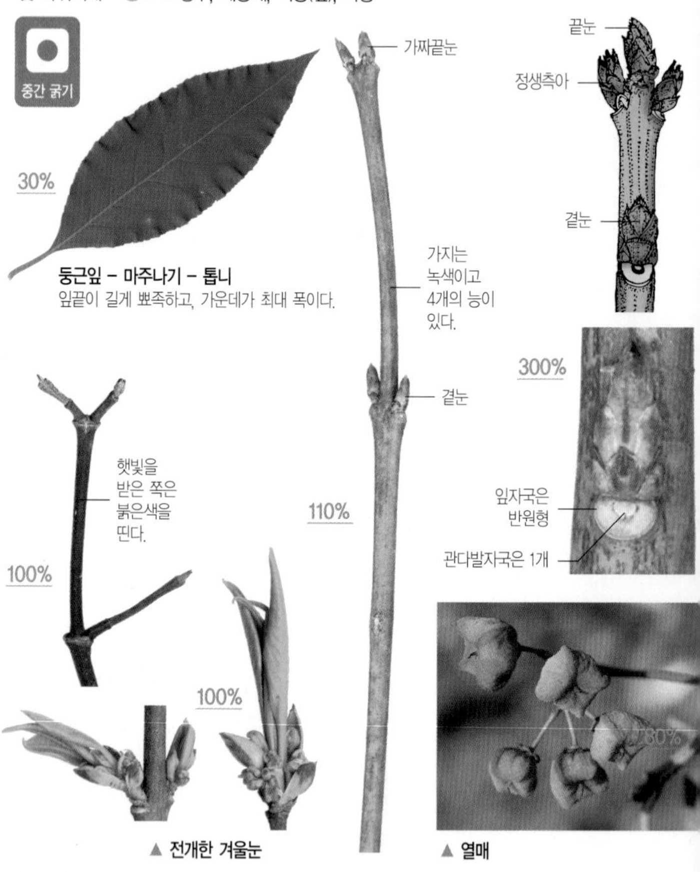

▲ 전개한 겨울눈

▲ 열매

❶ **겨울눈** : 녹색~갈색이며, 물방울형. 8~12장의 눈비늘조각에 싸여있으며, 주위에 흰색 테두리가 있다.

❷ **잎자국** : 반원형이며, 관다발자국은 1개

❸ **가지** : 통상은 녹색이지만, 햇빛을 받는 쪽은 홍자색을 띤다. 4개의 능이 있고, 가지의 단면은 사각형이다(모가 작은 것은 원형에 가깝다).

❹ **수피** : 회갈색이며, 노목이 되면 세로로 줄이 생기고 갈라진다.

가지 끝에 흔히 2개의 가짜끝눈이 붙는다.

신나무

Acer tataricum subsp. *ginnala*
【단풍나무과 단풍나무속】

낙엽소교목 • 수고 8m • 분포 일본, 중국, 러시아, 몽골 ; 전국의 낮은 지대 습한 곳
• 용도 조경수, 공원수, 염료, 약용

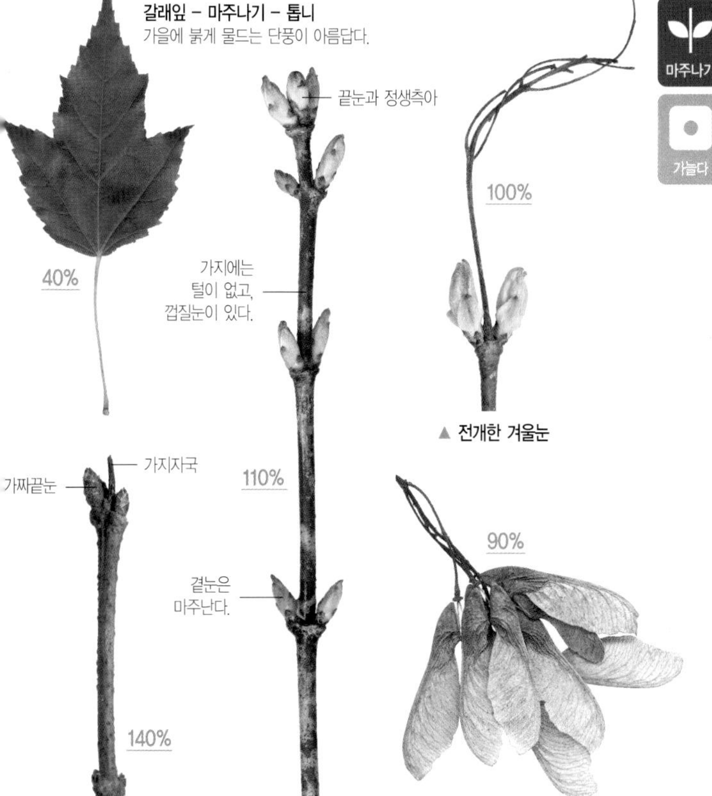

▲ 전개한 겨울눈

▲ 열매

① **겨울눈** : 삼각형~원뿔형이며, 6~8장의 눈비늘조각에 싸여있다. 가지 끝에 흔히 2개의 가짜끝눈이 붙는다.
② **잎자국** : U자형 또는 V자형
③ **가지** : 회갈색 또는 홍갈색이고 털이 없으며, 껍질눈이 흩어져 난다.
④ **수피** : 회갈색이고 평활하지만, 오래되면 세로로 갈라진다.

겨울눈은 마주나지만, 어긋나는 것도 있다.

배롱나무

Lagerstroemia indica 〔부처꽃과 배롱나무속〕

낙엽소교목 • 수고 5m • 분포 중국 남부가 원산지 ; 충청도, 전라도, 경상도 이남에 가로수, 공원수로 식재 • 용도 공원수, 정원수, 약용

둥근잎 – 어긋나기 – 전연
주로 어긋나며, 마주나는 것도 있다.

▲ 곁눈

▲ 수피

▲ 열매

❶ **겨울눈** : 물방울형이고, 끝이 뾰족하다. 2~4장의 적갈색 눈비늘조각에 싸여있다. 마주나지만 어긋나는 것도 있다.
❷ **잎자국** : 반원형 또는 타원형이고, 융기한다. 관다발자국은 1개
❸ **가지** : 좁은 날개같은 4개의 능(稜)이 있다. 꽃이 핀 가지에는 열매자루가 남아 있다.
❹ **수피** : 오래되면 벗겨져서 옅은 색의 수피가 나타나고, 매끈해진다.

가지는 위에서 보면 +자형으로 붙는다.

석류나무

Punica granatum
【석류나무과 석류나무속】

소교목

비늘눈

마주나기

가늘다

낙엽소교목 • 수고 4~10m • 분포 이란, 파키스탄, 아프가니스탄, 인도, 지중해 연안 ; 중부 이남에 식재 • 용도 조경수, 식용, 약용

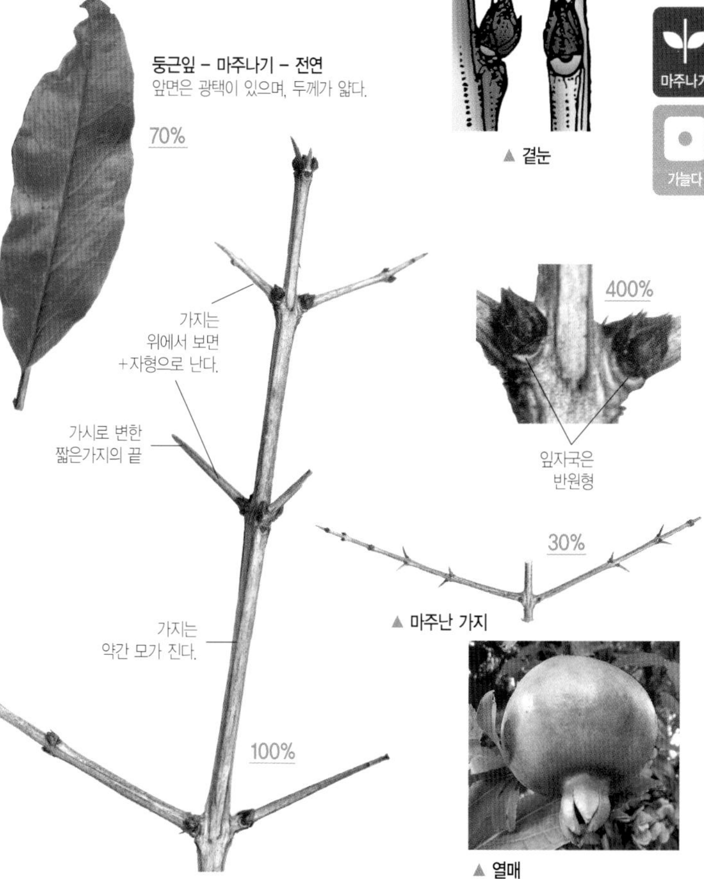

① **겨울눈** : 달걀형이며, 끝이 뾰족하다. 4~6장의 눈비늘조각에 싸여있다.
② **잎자국** : 반원형이며, 약간 융기한다.
③ **가지** : 햇가지는 약간 모가 지고, 짧은가지의 끝은 가시로 변한다.
④ **수피** : 회색~회갈색이며, 얇은 조각으로 불규칙하게 벗겨진다.

잎눈은 긴 달걀형, 꽃눈은 구형

산수유

Cornus officinalis 【층층나무과 층층나무속】

낙엽소교목 • 수고 7m • 분포 중국(산둥반도 이남)이 원산지 ; 경기도와 강원도 이남에서 널리 식재 • 용도 조경수, 약용(열매)

둥근잎 – 마주나기 – 전연
뒷면 잎겨드랑이에 갈색 털이 뭉쳐있다.

❶ **겨울눈** : 꽃눈은 구형이고, 끝부분만 조금 뾰족하다. 12월경에 총포편에 싸인 꽃봉오리가 두드러지고, 밑에 작은 눈비늘조각이 붙어있다. 잎눈은 긴 달걀형이고, 끝이 뾰족하다. 털이 있는 2장의 눈비늘조각에 싸여있다.

❷ **잎자국** : V자형 또는 초승달형이며, 관다발자국은 3개

❸ **가지** : 털이 있지만 점차 없어진다.

❹ **수피** : 연한 갈색 또는 회갈색이며, 비늘조각처럼 벗겨진다.

꽃눈은 양파 모양이고, 잎눈은 원추형이다.

꽃산딸나무

Cornus florida
【층층나무과 층층나무속】

낙엽소교목 • 수고 5~7m • 분포 미국 동부 및 남부, 멕시코 동북부 ; 전국의 공원 및 정원에 식재 • 용도 정원수, 공원수, 가로수

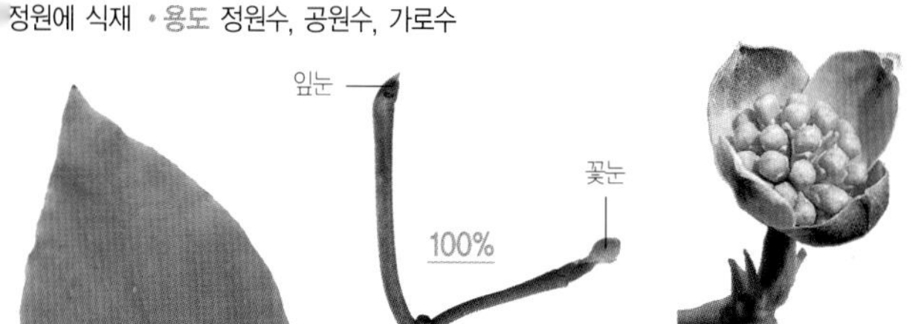

▲ 전개한 꽃눈

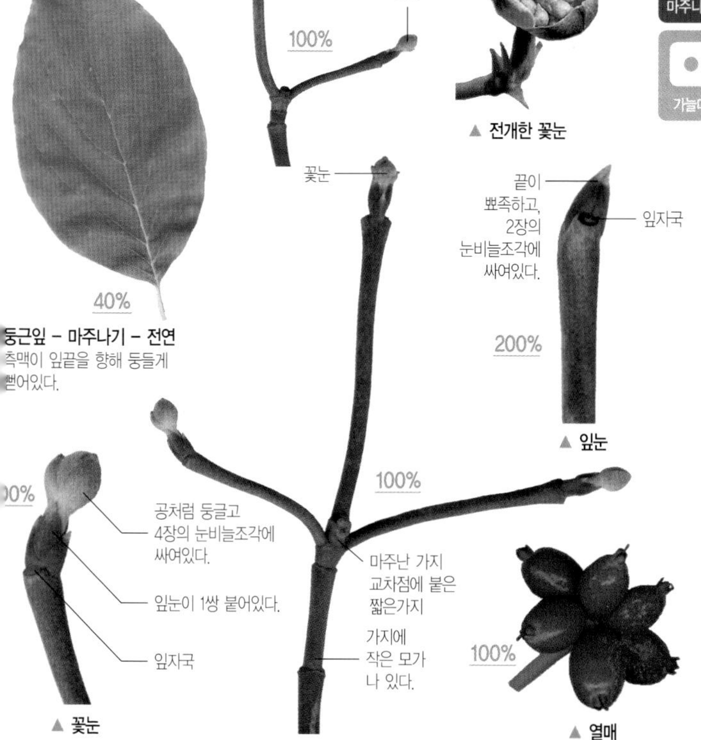

둥근잎 – 마주나기 – 전연
측맥이 잎끝을 향해 둥글게 뻗어있다.

▲ 잎눈

▲ 꽃눈

▲ 열매

① **겨울눈** : 꽃눈은 양파 모양이고, 짧은 털로 덮여있다. 잎눈은 원추형이고, 2장의 눈비늘조각에 싸여있다.

② **잎자국** : 반원형~초승달형이고, 약간 융기해있다.

③ **가지** : 미세한 털이 있고, 광택은 없다. 마주난 가지의 교차점에 짧은가지가 붙는 경우가 많다.

④ **수피** : 가는 그물망처럼 갈라져있어서, 감나무 수피와 비슷하다.

가지를 자르면 유액이 나온다.

개옻나무

Rhus trichocarpa 【옻나무과 옻나무속】

낙엽소교목 • 수고 5~10m • 분포 중국, 일본 ; 평안남도 이남의 산야 • 용도 약용, 도료

▲ 열매

❶ **겨울눈** : 끝눈은 크고, 물방울형~원추형. 맨눈이며, 적갈색 털이 밀생해있다. 곁눈은 달걀형이고 작다.

❷ **잎자국** : 크고 하트형, 삼각형, 둥근형 등 다양하며, 조금 융기해있다. 관다발자국의 모양은 둥근형, 삼각형, 선형 등 다양하며, 5~15개가 V자형으로 배열되어 있다.

❸ **가지** : 끝에는 짧은 털이 있고, 가지를 자르면 유액이 나온다.

❹ **수피** : 어린 나무는 붉은빛 또는 밝은 회갈색을 띠며, 갈수록 짙은 회갈색을 많아진다. 껍질눈이 뚜렷하다.

겨울눈과 잎자국이 마디 주위에 모여있다.

대추나무

Zizyphus jujuba 【갈매나무과 대추나무속】

낙엽소교목 • 수고 8m • 분포 중국 ; 평안북도 · 함경북도를 제외한 전국
• 용도 열매 식용, 약용, 도장재, 가구재, 기구재

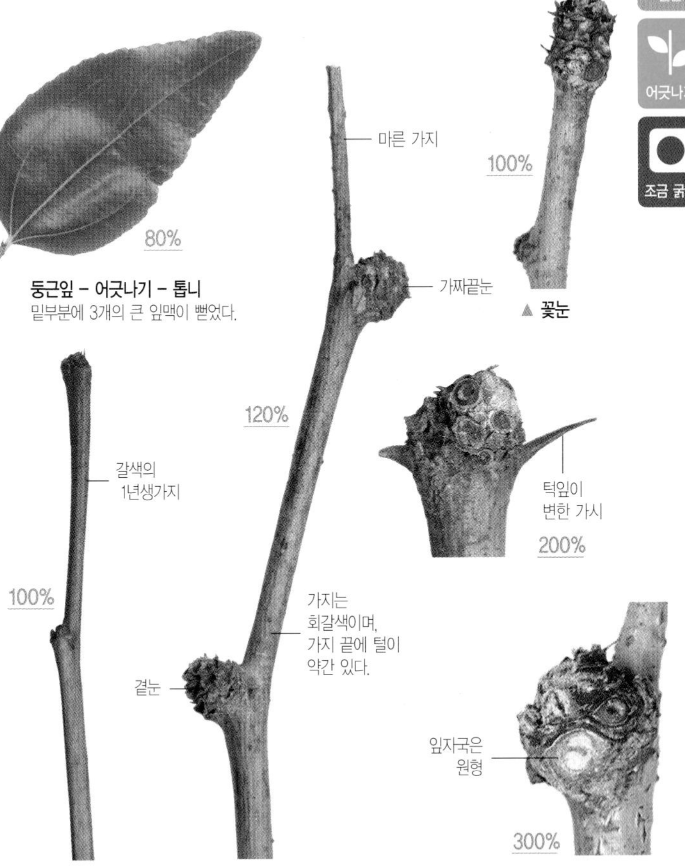

- **겨울눈** : 눈비늘이 없는 맨눈. 겨울눈과 잎자국이 마디 주위에 모여있다.
- **잎자국** : 반원형~원형이며, 관다발자국은 잘 보이지 않는다.
- **가지** : 털이 없다. 긴가지에는 턱잎이 변한 가시가 2개 있고, 이 중에 1개는 짧고, 아래로 굽어있다.
- **수피** : 흑갈색~회색이며, 작고 불규칙하게 세로로 갈라진다.

겨울눈은 황갈색의 털로 덮인 맨눈

쪽동백나무

Styrax obassia 【때죽나무과 때죽나무속

낙엽소교목 • 수고 10m • 분포 중국, 일본 ; 함경남도와 전라도를 제외한 전국에 분포
• 용도 조경수, 가로수

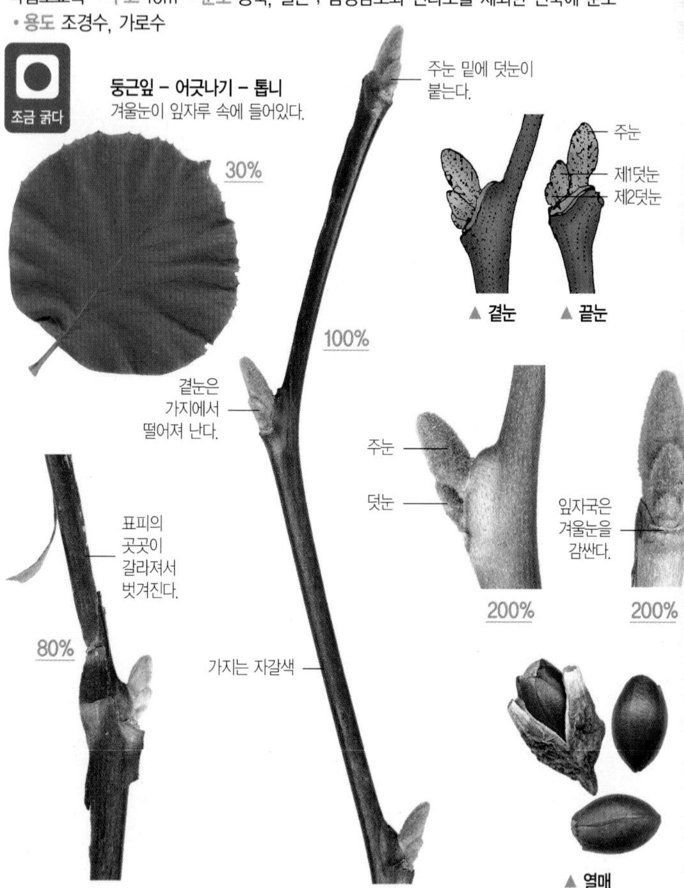

❶ **겨울눈** : 긴 달걀형이며, 눈비늘이 없는 맨눈. 부드러운 황갈색 털로 덮여있다. 잎자루 밑부분에 싸여있어서, 잎이 떨어질 때까지 보이지 않는다(엽병내아, 葉柄內芽). 겨울눈 밑에 덧눈을 동반한다.

❷ **잎자국** : O자형이며, 겨울눈을 감싼다. 작은 관다발자국이 가로로 나란하다.

❸ **가지** : 표피가 길게 벗겨지며, 자갈색을 띤다.

❹ **수피** : 회흑색. 처음에는 매끈하지만, 오래되면 세로로 얇게 갈라진다.

꽃눈은 달걀형이며, 눈비늘이 일찍 떨어져서 맨눈이 된다.

풍년화

Hamamelis japonica 【조록나무과 풍년화속】

낙엽소교목 • 수고 3~6m • 분포 일본(혼슈의 동해안 일부 지역, 시코쿠, 규슈)이 원산지 ; 중부 이남에 식재 • 용도 조경수, 공원수

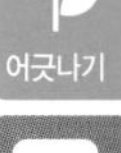

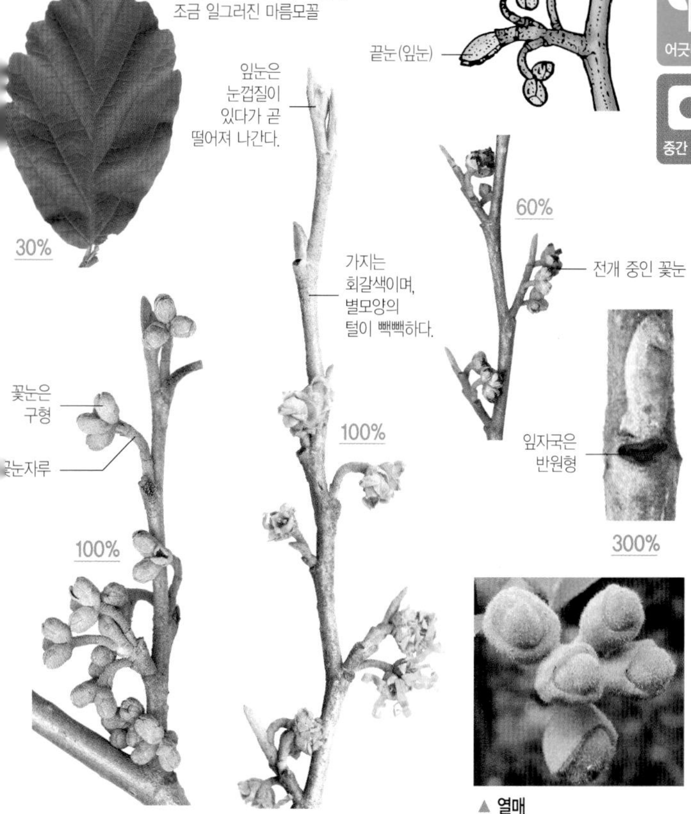

▲ 열매

1. **겨울눈** : 꽃눈은 달걀형이며, 눈자루(아병, 芽柄)가 있고, 2~4개가 무리로 달린다. 눈비늘이 있지만, 일찍 떨어져서 맨눈이 된다. 잎눈은 물방울형~긴 타원형
2. **잎자국** : 반원형이며, 관다발자국은 3개. 턱잎자국은 가지를 거의 반 바퀴 돈다.
3. **가지** : 회갈색이며, 별모양의 털이 있다. 타원형의 껍질눈이 많다.
4. **수피** : 회색이며, 껍질눈이 많다.

긴 달걀형의 맨눈이며, 세로덧눈이 붙는다.

때죽나무

Styrax japonicus 【때죽나무과 때죽나무속】

낙엽소교목 • 수고 10m • 분포 중국(산둥반도 이남), 일본, 대만 ; 황해도~강원도 이남
• 용도 정원수, 약용, 기름, 밀원식물

어긋나기 가늘다

가짜끝눈

▲ 곁눈

둥근잎 – 어긋나기 – 톱니
잎끝이 길게 뾰족하다.

40%

곁눈은 가지에 밀착한다.

400%

잎자국은 반원형이며, 융기한다.

겨울눈과 가지에 별모양의 털이 있다.

170%

300%

주눈

세로덧눈

▲ 열매

❶ **겨울눈** : 긴 달걀형의 맨눈이며, 별모양의 갈색 털로 덮여있다. 겨울눈 밑에 세로덧눈이 붙는다.

❷ **잎자국** : 반원형이고, 융기한다. 관다발자국은 1개

❸ **가지** : 가늘고, 조금 지그재그로 난다. 처음에는 별모양의 털이 있지만, 나중에는 없어진다.

❹ **수피** : 짙은 자갈색이며, 가늘고 오글오글한 무늬가 있다. 노목이 되면 세로로 얕게 갈라진다.

겨울눈은 맨눈이고, 자갈색의 털이 많다.

누리장나무

Clerodendrum trichotomum
【마편초과 누리장나무속】

소교목

맨눈

마주나기

조금 굵다

낙엽소교목 • 수고 2m • 분포 대만, 중국, 필리핀, 일본 ; 강원도 및 황해도 이남의 숲 가장자리 • 용도 조경수, 정원수, 식용, 약용

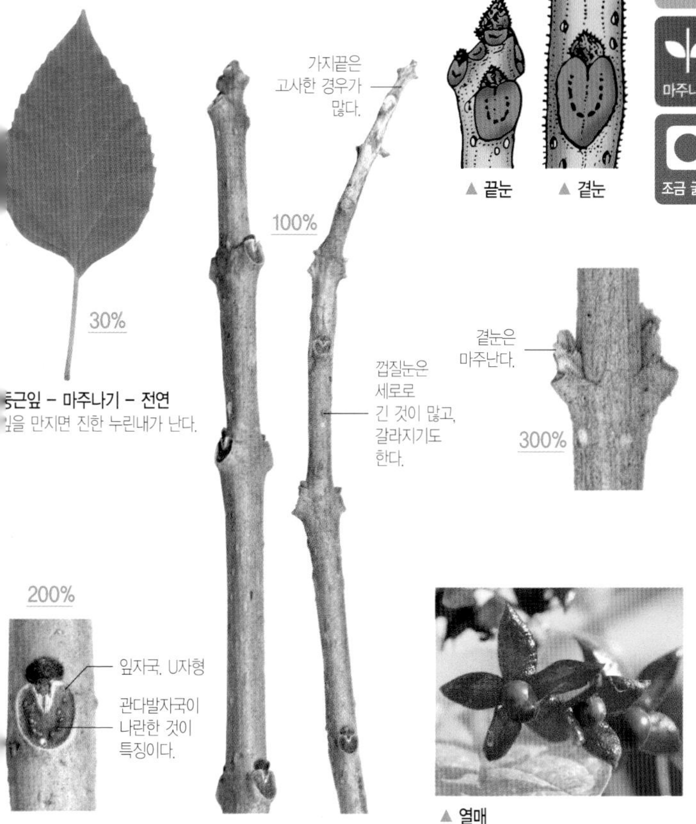

▲ 열매

① **겨울눈** : 맨눈이며, 자갈색 털이 밀생한다. 끝눈은 물방울형이고, 곁눈은 구형~달걀형. 끝눈이 가지 끝에 하나 붙고, 곁눈이 아래에 마주난다. 끝눈이 가짜끝눈인 경우도 있다.

② **잎자국** : 타원형 또는 하트형이고, 가운데가 융기한다. 7~9개의 관다발자국이 U자형으로 나란하다.

③ **가지** : 1년생가지는 부드러운 털이 밀생하며, 꺾으면 고약한 냄새가 난다.

④ **수피** : 회색이며, 껍질눈이 많다.

겨울눈은 맨눈이며, 부드러운 털로 덮여있다.

쉬나무

Tetradium daniellii 【운향과 쉬나무속】

낙엽소교목 • 수고 7m • 분포 중국 ; 전국의 낮고 건조한 산지 및 민가 주변
• 용도 조경수, 밀원식물, 종자기름, 가구재

깃꼴겹잎 – 마주나기 – 톱니
끝에 작은 잎이 있는 홀수깃꼴겹잎

▲ 열매

❶ **겨울눈** : 눈비늘조각에 싸여있지 않는 맨눈. 부드러운 털로 덮여있다.
❷ **잎자국** : 하트형 또는 콩팥형이며, 관다발자국은 3그룹으로 나뉜다.
❸ **가지** : 회갈색이며, 짧은 털이 있다. 타원형의 껍질눈이 많다.
❹ **수피** : 흑갈색~적갈색이며, 둥근 껍질눈이 흩어져 있다.

Chapter 03

관목

주간과 가지의 구별이 확실하지 않고 지면에서부터 많은 가지가 나오며, 수고 0.3~3m 정도의 목본식물

잎자국은 말굽형이며, 관다발자국은 30~40개

두릅나무

Aralia elata 【두릅나무과 두릅나무속】

낙엽관목 •수고 3~4m •분포 일본, 중국, 극동러시아 ; 전국의 산지 및 하천가 •용도 식용, 약용

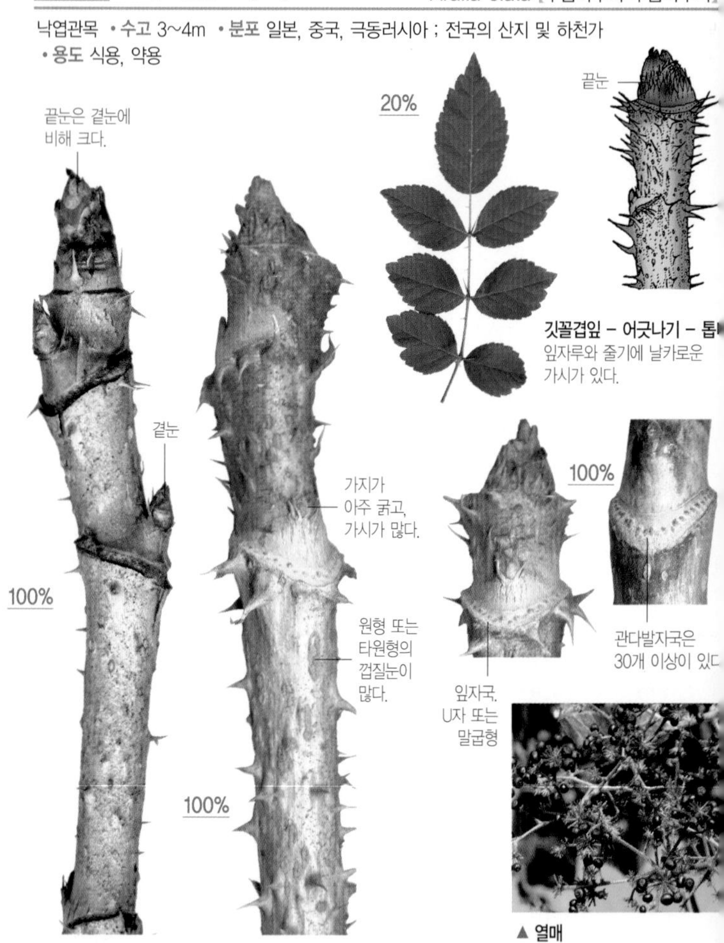

▲ 열매

❶ **겨울눈** : 끝눈은 원추형이고, 끝이 조금 뾰족하다. 3~4장의 눈비늘조각에 싸여있다.

❷ **잎자국** : 말굽형 또는 U자형이고, 관다발자국은 30~40개. 잎자국은 가지를 거의 3/4 정도 두른다.

❸ **가지** : 회갈색이며, 억센 가시가 많다.

❹ **수피** : 회갈색이며, 불규칙하게 세로로 갈라진다. 껍질눈이 많다.

관다발자국은 원형으로 배열되어있다.

무화과나무 *Ficus carica* 【뽕나무과 무화과나무속】

낙엽관목 • 수고 2~4m • 분포 아시아 서부 및 연안이 원산지 ; 남부지역에서 재배
• 용도 열매 식용, 관상용

▲ 열매

❶ **겨울눈** : 끝눈은 크고, 물방울 모양이며, 끝이 뾰족하다. 2장의 눈비늘조각에 싸여있다.
❷ **잎자국** : 크고, 반원형~원형. 관다발자국은 3개이며, 원형으로 배열되어있다.
❸ **가지** : 굵고 껍질눈이 많으며, 턱잎자국은 가지를 한 바퀴 돈다. 가지를 자르면 유액이 나온다(유액과 턱잎자국은 무화과속의 특징).
❹ **수피** : 회백색~회갈색이며, 원형의 작은 껍질눈이 있다.

잎자국은 삼각형이며, 관다발자국은 3개

모란

Paeonia suffruticosa
[미나리아재비과 작약속]

낙엽관목 •수고 2m •분포 중국(안후이성, 허난성 서쪽)이 원산지 ; 전국적으로 관상수로 식재 •용도 관상수, 정원수, 약용

▲ 열매

❶ **겨울눈** : 달걀형 또는 긴 달걀형이고, 끝이 뾰족하다. 6~8장의 눈비늘조각에 싸여있다. 끝눈은 곁눈보다 크다.

❷ **잎자국** : 삼각형이고, 관다발자국은 3개

❸ **가지** : 털이 없으며, 검은 색의 작은 껍질눈이 많다.

❹ **수피** : 회갈색이며, 오래되면 불규칙하게 얇은 조각으로 갈라진다.

가시 위에 작은 겨울눈이 있고, 밑에 반원형의 잎자국이 있다.

탱자나무

Poncirus trifoliata 【운향과 탱자나무속】

낙엽관목 •수고 3m •분포 중국(중남부)이 원산 ; 경기도 이남의 민가 주변에 산울타리로 식재 •용도 산울타리, 약용

손꼴겹잎 – 어긋나기 – 톱니
잎자루에 날개가 있다.
70%

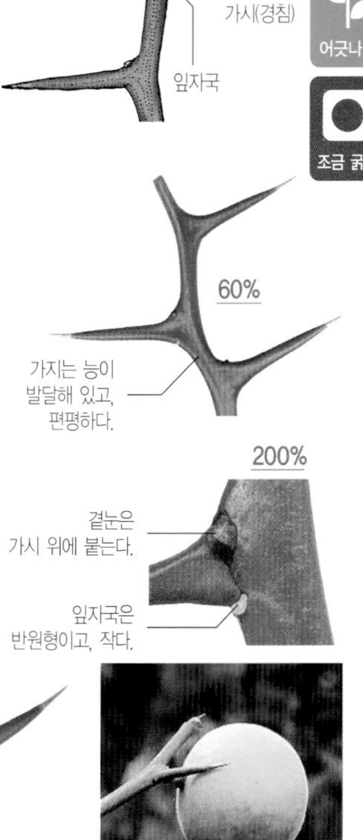

가짜끝눈
가시(경침)
100%
곁눈
가지는 녹색
잎자국

▲ 열매

❶ **겨울눈** : 반구형이며, 2~3장의 눈비늘조각에 싸여있다. 가짜끝눈은 곁눈과 비슷하다.
❷ **잎자국** : 반원형이며, 작다.
❸ **가지** : 약간 납작하고, 녹색을 띤다. 털이 없고, 광택이 난다. 가지가 변해서 된 가시(경침, 莖針)가 많다. 가지와 가시가 녹색이므로 쉽게 구별할 수 있다.
❹ **수피** : 녹갈색이며, 세로로 긴 줄무늬가 있다.

겨울눈은 긴 달걀형이며, 가지에 바짝 붙어서 난다.

족제비싸리

Amorpha fruticosa 〔콩과 족제비싸리속〕

낙엽관목 •수고 2m •분포 북아메리카가 원산지 ; 전국의 숲 가장자리, 길가, 하천 주변 •용도 사방용

조금 굵다

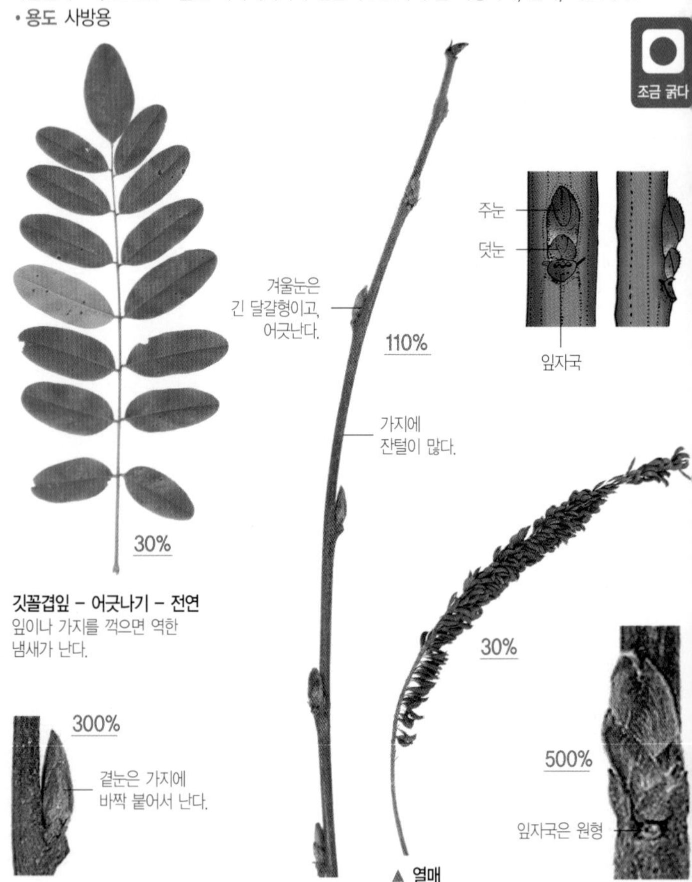

❶ **겨울눈** : 긴 달걀형이고, 끝이 뾰족하며, 가지에 바짝 붙어서 난다(복생, 伏生). 3~5장의 눈비늘조각에 싸여있다. 곁눈과 잎자국 사이에 세로덧눈이 붙기도 한다.

❷ **잎자국** : 원형~반원형이며, 작다.

❸ **가지** : 가지를 자르면 역겨운 냄새가 난다. 겨울에 가지의 끝이 마른다.

❹ **수피** : 회갈색이고, 타원형의 껍질눈이 많다.

생강나무속에서는 유일하게 섞임눈이다.

감태나무

Lindera glauca 【녹나무과 생강나무속】

낙엽관목 •**수고** 5m •**분포** 일본, 중국, 대만, 베트남 ; 충북 이남의 산지, 해안을 따라 황해도 강원도까지 분포 •**용도** 조경수

둥근잎 – 어긋나기 – 전연
적갈색 단풍이 겨우내 달려있다.

▲ 끝눈 ▲ 열매

❶ **겨울눈** : 물방울형이고, 적갈색을 띤다. 생강나무속에서는 유일하게 섞임눈(혼아, 混芽)이다. 섞임눈이라서 따로 꽃눈은 없다. 눈비늘조각은 7~9장

❷ **잎자국** : 반원형~타원형이며, 작다.

❸ **가지** : 회갈색 또는 연한 갈색이며, 털이 없다. 마른 잎은 겨울동안에도 가지에 붙어있다.

❹ **수피** : 다갈색이고 매끈하며, 작은 껍질눈이 있다.

잎눈은 물방울형이고, 꽃눈은 구형

생강나무

Lindera obtusiloba 【녹나무과 생강나무속】

낙엽관목 •수고 3m •분포 일본, 중국, 네팔, 부탄, 인도 ; 전국의 산지
•용도 조경수, 식용, 기름, 차

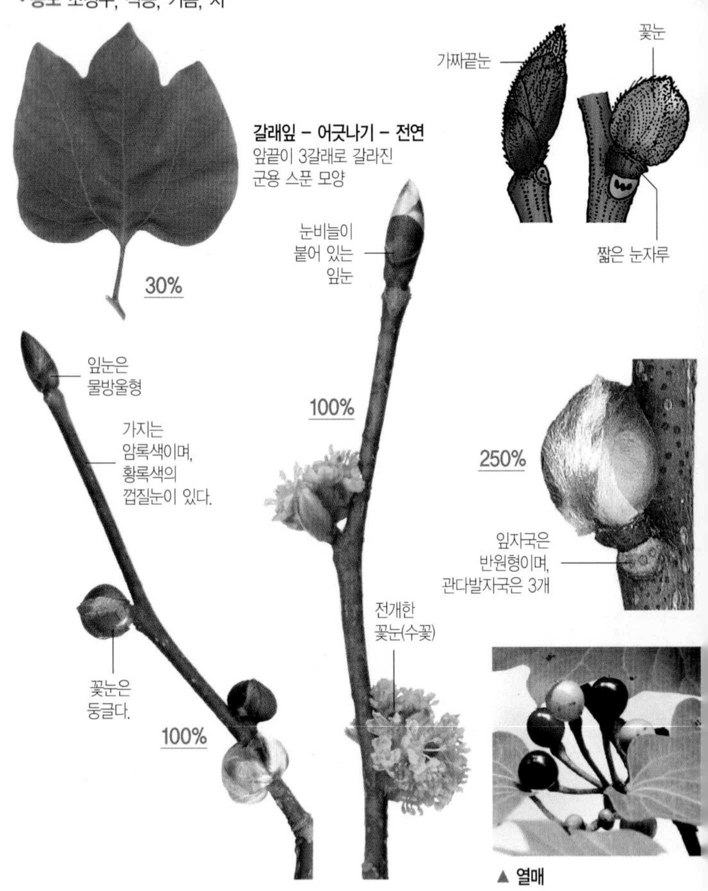

▲ 열매

❶ **겨울눈** : 잎눈은 물방울형이고, 붉은색을 띠며, 3~4장의 눈비늘조각에 싸여있다. 꽃눈은 잎자국 위쪽에 붙고, 구형. 총포편은 2~3장의 눈비늘조각에 싸여있다.

❷ **잎자국** : 반원형~타원형이며, 관다발자국은 1개 또는 3개

❸ **가지** : 황록색~황갈색이고, 털이 없으며, 껍질눈이 많다.

❹ **수피** : 암회색이고, 원형의 껍질눈이 많다.

끝눈은 원추형이며, 끝이 뾰족하다.

오갈피나무

Eleutherococcus sessiliflorus
【두릅나무과 오갈피나무속】

낙엽관목 • 수고 3~4m • 분포 중국(동북부), 일본 ; 중부 이남 지역의 산지, 농가에서 약용으로 재배 • 용도 약용, 식용

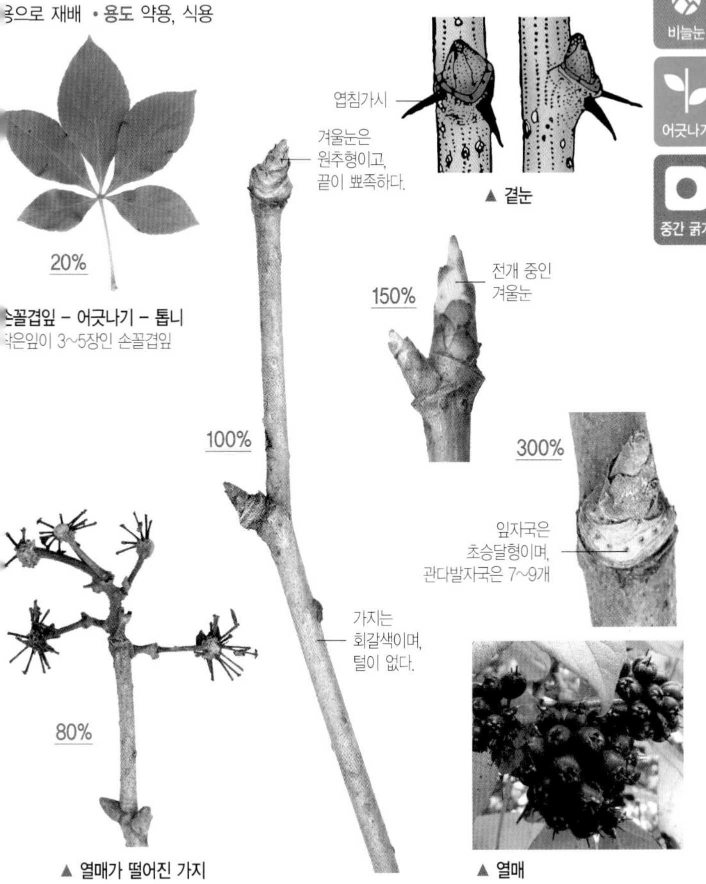

▲ 열매가 떨어진 가지

▲ 열매

❶ **겨울눈** : 끝눈은 원추형이고, 끝이 뾰족하며, 3~6장의 눈비늘조각에 싸여있다.
❷ **잎자국** : V자형~초승달형이며, 관다발자국은 7~9개
❸ **가지** : 회갈색이며, 털이 없다. 잔가지에는 가시가 거의 없다. 작은 껍질눈이 많고, 가지 끝이 마르기도 한다.
❹ **수피** : 회갈색이며, 세로로 불규칙하게 골이 진다.

잎자국은 겨울눈을 둘러싼다.

박쥐나무 *Alangium platanifolium* 【박쥐나무과 박쥐나무속】

낙엽관목 • 수고 3~4m • 분포 일본, 중국, 대만 ; 전국적으로 분포
• 용도 공원수, 정원수, 식용(잎), 약용

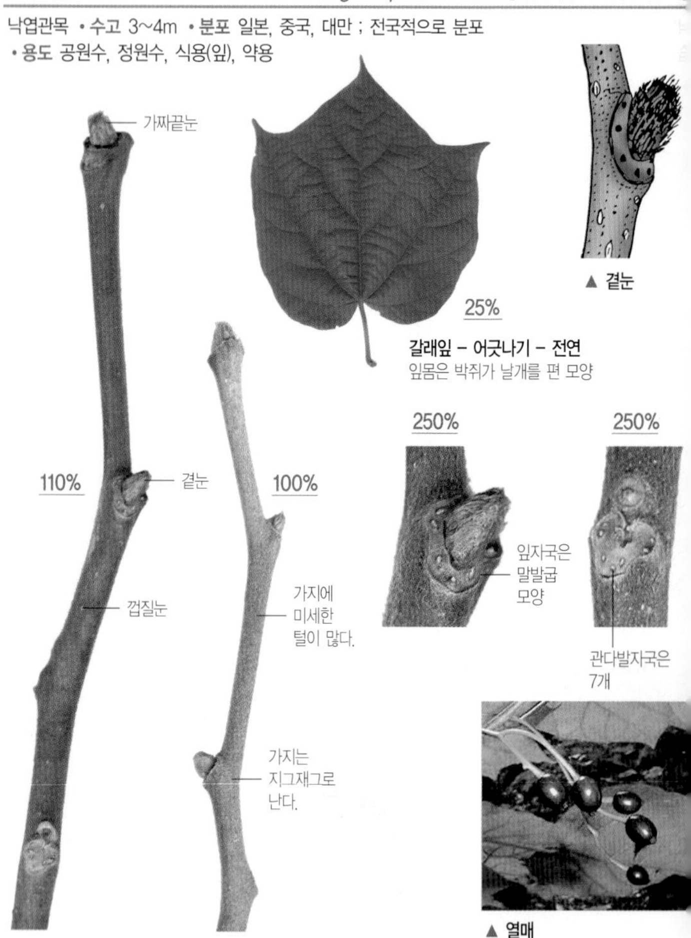

▲ 곁눈

갈래잎 – 어긋나기 – 전연
잎몸은 박쥐가 날개를 편 모양

▲ 열매

❶ **겨울눈** : 달갈형이고, 가지 끝에 가짜끝눈이 붙는다. 긴 털이 있는 2장의 눈비늘조각에 싸여 있다. 세로덧눈이 붙는다. 겨울눈은 낙엽이 질 때까지는 잎자루 속에 있다(엽병내아).
❷ **잎자국** : 말발굽 모양이며, 겨울눈을 둘러싼다. 관다발자국은 7개
❸ **가지** : 갈색이고, 미세한 털이 있다. 마디를 따라 지그재그로 난다.
❹ **수피** : 회갈색이며, 작은 껍질눈이 많다.

꽃눈은 굵고, 아래쪽이 부풀어있다.

갯버들

Salix gracilistyla 【버드나무과 버드나무속】

낙엽관목 • 수고 1m • 분포 중국(헤이룽장성), 일본 ; 제주도를 제외한 전국의 하천 및 습지 숲 가장자리 • 용도 조경수, 꽃꽂이 재료

▲ **수꽃의 변화**
전체적으로 붉은색에서 노란색으로 변한다.

❶ **겨울눈** : 물방울형. 꽃눈은 굵고 아래쪽이 부풀어 있으며, 잎눈은 작고 가늘다. 1장의 모자 모양의 눈비늘조각에 싸여있다. 눈비늘 바깥은 비대화된 잎자루에 보호되기도 한다.

❷ **잎자국** : 초승달형이고, 폭이 넓다.

❸ **가지** : 햇가지는 적갈색을 띠며, 처음에는 부드러운 털이 밀생한다.

❹ **수피** : 회갈색 또는 짙은 회색이며, 작은 껍질눈이 많다.

가지에 원형 또는 타원형의 껍질눈이 많다.

쉬땅나무

Sorbaria sorbifolia 【장미과 쉬땅나무속

낙엽관목 • 수고 2m • 분포 중국, 일본, 몽골, 러시아 ; 함경남북도, 평안남북도에서 강원도 백두대간 • 용도 관상용, 산울타리, 약용, 식용(순)

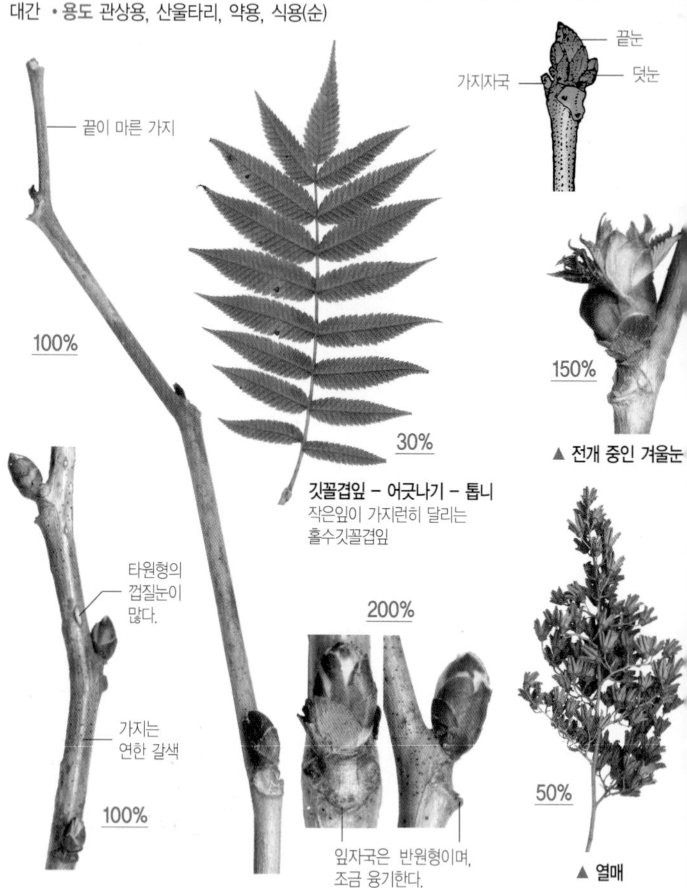

❶ **겨울눈** : 달걀형이며, 끝이 뾰족하거나 둥글다. 5~8장의 눈비늘조각에 싸여있다. 덧눈이 붙기도 한다.

❷ **잎자국** : 삼각형 또는 원형이며, 관다발자국은 3개

❸ **가지** : 적갈색~연한 갈색이며, 원형 또는 타원형의 껍질눈이 있다.

❹ **수피** : 회갈색이며, 둥근 껍질눈이 있다.

가지는 녹색이지만, 햇빛을 받는 쪽은 붉은색을 띤다.

장미

Rosa hybrida 【장미과 장미속】

낙엽관목 • **수고** 1~2m • **분포** 세계적으로 널리 분포 ; 전국 각지에 조경수로 식재
• **용도** 조경수, 정원수, 산울타리

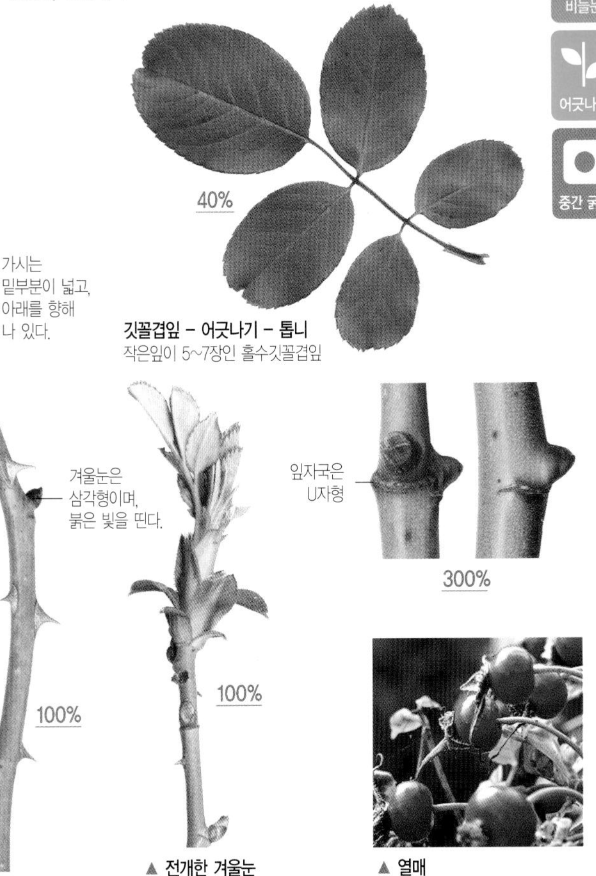

▲ 전개한 겨울눈

▲ 열매

❶ **겨울눈** : 작고, 삼각형이다. 5~7장의 눈비늘조각에 싸여있다.

❷ **잎자국** : 가늘고, U자형 또는 V자형

❸ **가지** : 밑 부분이 넓은 가시가 아래쪽으로 굽어서 붙어있다. 녹색이지만, 햇빛을 받은 쪽은 붉은 빛을 띤다.

❹ **수피** : 소나무 껍질처럼 벗겨진다.

겨울눈은 달걀형이며, 끝이 뾰족하다.

콩배나무 *Pyrus calleryana* var. *fauriei* 【장미과 배나무속】

낙엽관목 •수고 3m •분포 일본, 중국, 대만 ; 경기도 이남의 낮은 산지에 드물게 분포 •용도 조경수, 배나무의 대목

▲ 전개 중인 겨울눈

▲ 열매

❶ **겨울눈** : 달갈형이며, 끝이 뾰족하다.
❷ **잎자국** : 반원형 또는 타원형
❸ **가지** : 갈색~자갈색이고 털이 없으며, 흰색 껍질눈이 있다. 짧은가지가 발달하며, 가지의 끝이 가시로 변하기도 한다.
❹ **수피** : 회갈색이며, 오래되면 세로로 불규칙하게 갈라진다.

잎자국은 말발굽 모양이며, 위를 향한다.

해당화

Rosa rugosa 〔장미과 장미속〕

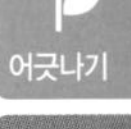

낙엽관목 • 수고 1.5m • 분포 중국, 일본, 러시아, 북아메리카 ; 서해와 동해의 해안가
• 용도 관상용, 약용, 식용, 밀원식물

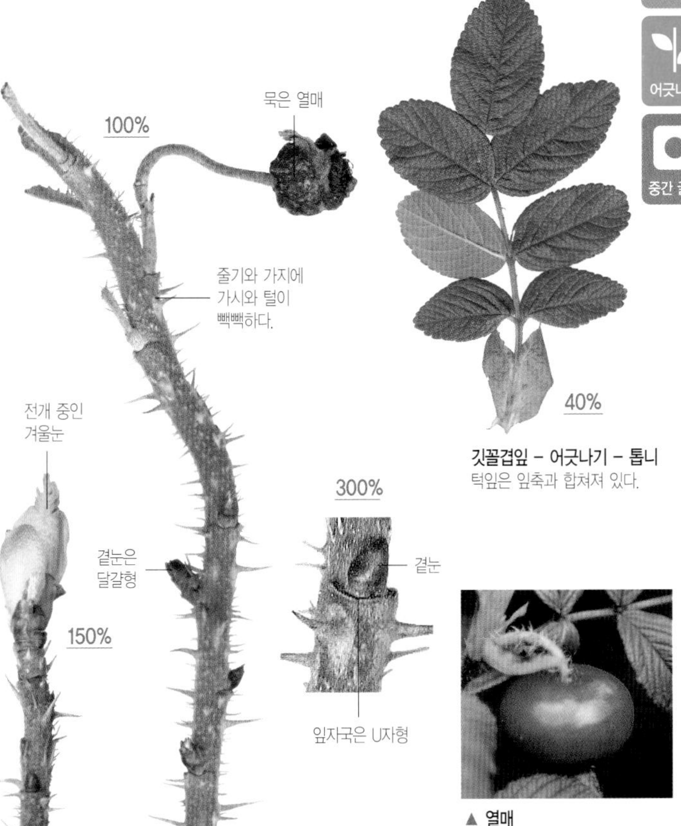

깃꼴겹잎 – 어긋나기 – 톱니
턱잎은 잎축과 합쳐져 있다.

▲ 열매

❶ **겨울눈** : 달걀형~구형이며, 끝은 둥글다. 5~7장의 눈비늘조각에 싸여있다. 끝눈은 곁눈보다 크다.

❷ **잎자국** : 말발굽 모양이며, 위로 향한다.

❸ **가지** : 줄기와 가지에 가시털과 융털이 빽빽하다. 줄기의 밑부분이 오래되면 가시가 떨어져 나간다.

❹ **수피** : 회백색이며, 가시와 털이 있다.

잎눈은 물방울형이고, 꽃눈은 구형

히어리

Corylopsis coreana 【조록나무과 히어리속】

낙엽관목 •수고 1~2m •분포 우리나라 특산 식물 ; 전라남도 지리산, 백운산, 경기도 수원과 포천 백운산 지역 등 •용도 조경수, 녹음수

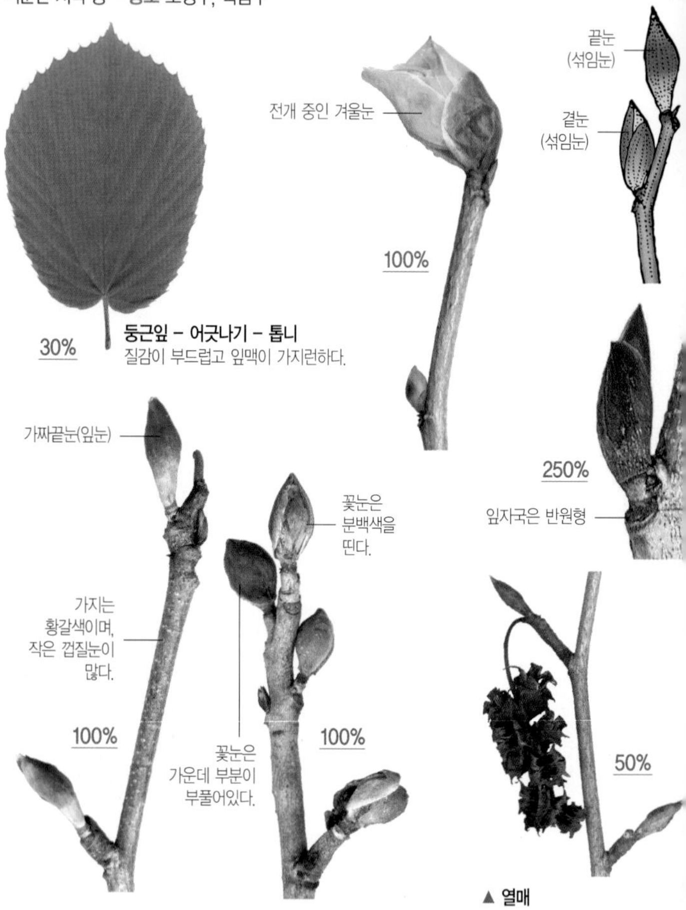

둥근잎 – 어긋나기 – 톱니
질감이 부드럽고 잎맥이 가지런하다.

▲ **열매**

❶ **겨울눈** : 잎눈은 물방울형이고, 꽃눈은 통통한 구형이며, 2장의 눈비늘조각에 싸여있다.
❷ **잎자국** : 반원형~삼각형이며, 관다발자국은 3개
❸ **가지** : 황갈색에서 어두운 갈색으로 변하며, 껍질눈이 많다.
❹ **수피** : 황갈색~회갈색이며, 껍질눈이 많다.

가지 끝에 여러 개의 꽃눈이 모여서 붙어있다.

진달래

Rhododendron mucronulatum
[진달래과 진달래속]

낙엽관목 •수고 2~3m •분포 중국(동북부), 일본(쓰시마섬), 러시아, 몽고 ; 전국의 산지에 분포 •용도 조경수, 약용, 식용

❶ **겨울눈** : 구형~타원형이며, 가지 끝에 여러 개의 꽃눈이 모여서 난다. 8장의 눈비늘조각에 싸여있다. 곁눈은 끝눈보다 작고, 아래로 내려 갈수록 작아진다.
❷ **잎자국** : 반원형이며, 관다발자국은 1개
❸ **가지** : 연한 갈색이며, 비늘털이 드물게 있다.
❹ **수피** : 회색이며, 매끈하다.

작은 꽃눈이 포도송이 모양으로 모여 붙는다.

박태기나무

Cercis chinensis 【콩과 박태기나무속】

낙엽관목 •수고 3~5m •분포 중국 중남부의 석회암 지대가 원산지 ; 한반도 전역에 조경수로 식재 •용도 공원수, 정원수, 약용

▲ 열매

❶ **겨울눈** : 꽃눈은 타원형이며, 2장의 눈비늘조각에 싸여있다. 포도송이 모양의 꽃눈이 모여 박태기꽃을 피운다. 잎눈은 편평한 달걀형이고, 5~6장의 눈비늘조각에 싸여있다.

❷ **잎자국** : 작고, 삼각형 또는 반원형이다.

❸ **가지** : 갈색이고, 원형의 껍질눈이 많다. 겨울에도 열매가 붙어있는 경우가 많다.

❹ **수피** : 회갈색이며, 오래되면 불규칙하게 갈라진다.

가지는 짙은 자색~적자색을 띠며, 가시가 많고 광택이 난다.

산딸기

Rubus crataegifolius 【장미과 산딸기속】

낙엽관목 • 수고 2m • 분포 중국, 일본, 극동러시아 ; 전국적으로 분포 • 용도 식용, 약용

❶ **겨울눈** : 물방울형~달걀형이며, 아래로 갈수록 커진다. 3~5장의 눈비늘조각은 짙은 적자색이며, 위쪽에 부드러운 털이 나 있다.

❷ **잎자국** : 삼각형~초승달형이고 약간 융기해있으며, 관다발자국은 3개

❸ **가지** : 짙은 자색~적자색을 띠며, 보통 윗부분은 덩굴처럼 약간 휜다. 가시가 많고 광택이 난다. 햇가지에는 털이 있지만, 차츰 없어진다.

❹ **수피** : 갈색 또는 적갈색이고 가시가 많다.

가지에 가시가 서로 어긋나게 달린다.

산초나무 *Zanthoxylum schinifolium*【운향과 산초나무속】

낙엽관목 •수고 1~3m •분포 일본, 중국, 만주 ; 함경북도를 제외한 전국의 산야
•용도 향신료, 식용, 약용, 산울타리, 정원수

중간 굵기

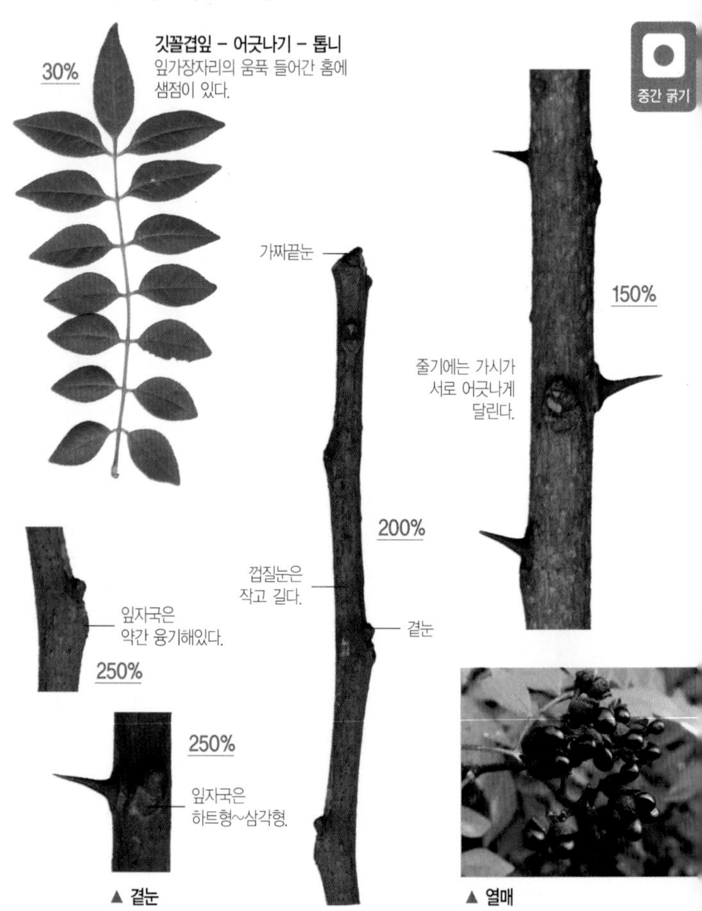

▲ 곁눈 ▲ 열매

❶ **겨울눈** : 작은 반구형이며, 끝이 뾰족하다. 2~3장의 눈비늘조각에 싸여있다.
❷ **잎자국** : 하트형~삼각형이며, 관다발자국은 3개
❸ **가지** : 녹색~적갈색이며, 가시는 서로 어긋나게 달린다. 작은 껍질눈이 많이 나 있다.
❹ **수피** : 회갈색이며, 껍질이 변한 가시가 어긋나게 달린다.

가시 밑에 겨울눈이 붙는다.

구기자나무

Lycium chinense
【가지과 구기자나무속】

낙엽관목 •수고 4m •분포 중국, 네팔, 타이, 대만, 일본 ; 전국의 산야 및 민가 주변에 분포 •용도 약용, 식용, 관상용

둥근잎 – 어긋나기 – 전연
진한 녹색이고, 촉감이 부드럽다.

▲ 잔가지의 가시

▲ 열매

❶ **겨울눈** : 작고, 가시 밑에 달린다.
❷ **잎자국** : 작고, 원형 또는 반원형이다.
❸ **가지** : 잔가지는 연한 회갈색이며, 세로로 골이 있다. 짧은가지가 변한 가시가 있는 것도 있다.
❹ **수피** : 회갈색 또는 황갈색이며, 세로로 가늘게 갈라진다.

결눈 밑에 세로덧눈이 붙는다.

낙상홍

Ilex serrata 【감탕나무과 감탕나무속】

낙엽관목 •수고 2~3m •분포 일본이 원산지 ; 전국 식재 •용도 조경수, 정원수, 분재, 꽃꽂이용

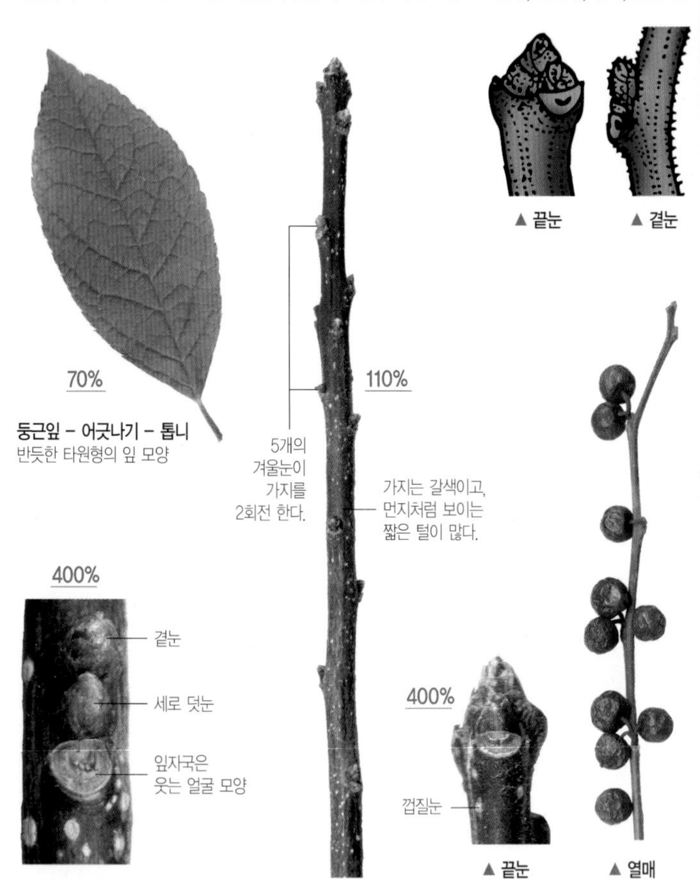

❶ **겨울눈** : 구형 또는 원추형이며, 끝이 뾰족하다. 4~8장의 비늘눈조각에 싸여있다. 끝눈은 곁눈보다 조금 크고, 세로덧눈이 달리기도 한다.

❷ **잎자국** : 반원형이며, 웃는 얼굴 모양. 관다발자국은 1개

❸ **가지** : 1년생가지는 가늘고, 먼지같은 미세한 털이 많다. 겨울동안 붉은색 열매가 남아 있는 경우가 많다.

❹ **수피** : 회갈색이며, 밋밋하다.

잎자국은 약간 융기하고, 관다발자국은 1개

노린재나무

Symplocos chinensis
【노린재나무과 노린재나무속】

가늘다

낙엽관목 • 수고 1~3m • 분포 중국, 일본 ; 전국에 분포 • 용도 기구재, 가구재, 조경수, 숯

둥근잎 – 어긋나기 – 톱니
잎 양면의 질감이 거칠다.

▲ 열매

❶ **겨울눈** : 달걀형~원추형이고, 끝이 뾰족하며, 6~8장의 눈비늘조각에 싸여있다. 가짜끝눈과 곁눈은 거의 같은 모양이다.
❷ **잎자국** : 반원형 또는 초승달형이고, 약간 융기한다. 관다발자국은 1개
❸ **가지** : 회갈색이고, 털과 껍질눈이 있다.
❹ **수피** : 회갈색이고, 세로로 가늘게 갈라진다.

가시의 겨드랑이에 겨울눈이 붙는다.

매자나무

Berberis koreana 【매자나무과 매자나무속】

낙엽관목 •수고 2m •분포 한반도 고유종 ; 경기도, 강원도, 충북 일부 지역의 숲과 하천 가장자리 •용도 관상용, 염료, 약용

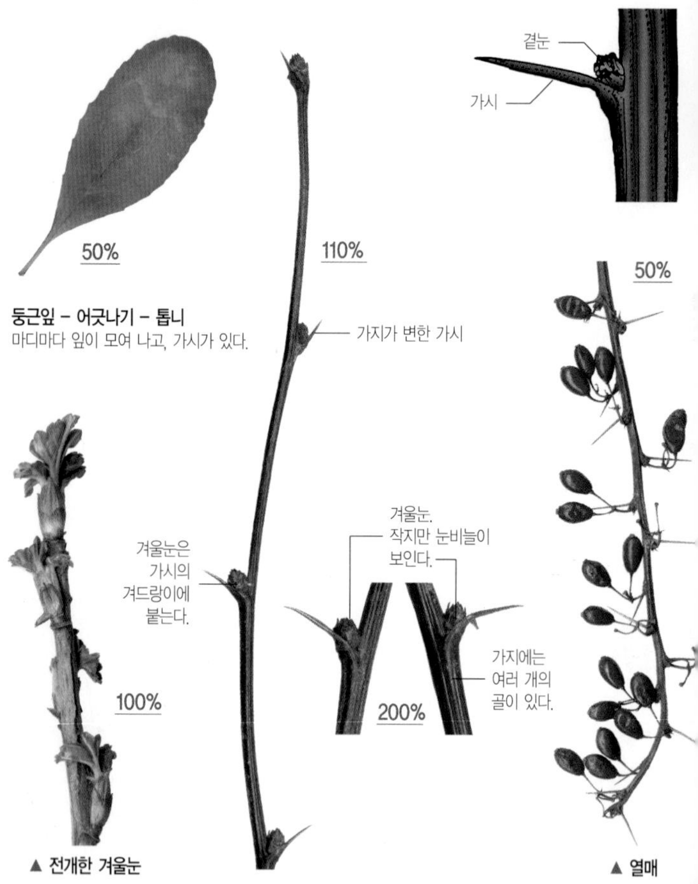

둥근잎 – 어긋나기 – 톱니
마디마다 잎이 모여 나고, 가시가 있다.

▲ 전개한 겨울눈

▲ 열매

❶ **겨울눈** : 가시의 겨드랑이에 붙는다. 구형~타원형이고, 약 8장의 적갈색 눈비늘조각에 싸여있다.

❷ **잎자국** : 작아서 잘 구별할 수 없으며, 관다발자국도 잘 보이지 않는다.

❸ **가지** : 2년생가지는 세로로 골이 진다. 겨울눈 겨드랑이에 1~3개의 가시가 있다.

❹ **수피** : 회갈색이며, 오래된 것은 세로로 불규칙하게 갈라진다.

수꽃눈은 맨눈 상태로 겨울을 난다.

개암나무

Corylus heterophylla
【자작나무과 개암나무속】

관목

비늘눈

어긋나기

가늘다

낙엽관목 • 수고 3~4m • 분포 러시아, 중국, 일본, 몽골 ; 전북, 경북 이북 산지의 숲 가장자리 • 용도 종자 식용

둥근잎 – 어긋나기 – 톱니
어린 잎에는 적자색의 얼룩무늬가 있다.

❶ **겨울눈** : 달걀형~물방울형이고, 광택이 나며, 5~8장의 눈비늘조각에 싸여있다. 눈비늘조각은 적갈색이고, 가장자리에 흰색 털이 있다. 수꽃눈차례는 1축에 2~6개가 붙고, 눈비늘이 없는 맨눈 상태로 겨울을 난다.

❷ **잎자국** : 작고, 반원형이다. 관다발자국은 3~9개

❸ **가지** : 어린 가지는 갈색~회갈색이고, 털이 있다.

❹ **수피** : 회갈색이고, 매끄러우며, 원형의 껍질눈이 있다.

1년생가지는 암갈색이며, 세로로 능이 있다.

싸리

Lespedeza bicolor 【콩과 싸리속】

낙엽관목 • 수고 3m • 분포 중국, 극동러시아, 일본, 러시아 ; 전국의 산야
• 용도 조경수, 밀원식물, 사방용, 사료용

▲ 겨울의 마른 잎

▲ 열매

❶ **겨울눈** : 달걀형 또는 타원형이며, 흔히 가로덧눈이 붙는다.
❷ **잎자국** : 원형 또는 반원형이며, 융기한다. 관다발자국은 3개
❸ **가지** : 가지가 많이 갈라지며, 줄기와 가지는 월동 중에 반 이상 말라죽는다. 1년생가지는 암갈색이며, 세로로 능이 있다.
❹ **수피** : 회갈색이며, 껍질눈이 많다.

가지 끝이 마르고, 끝눈은 발달하지 않는다.

국수나무 *Stephanandra incisa* 【장미과 국수나무속】

낙엽관목 • 수고 1~2m • 분포 중국(동북부), 대만, 일본 ; 전국의 산 가장자리에서 자람
• 용도 관상용, 밀원식물

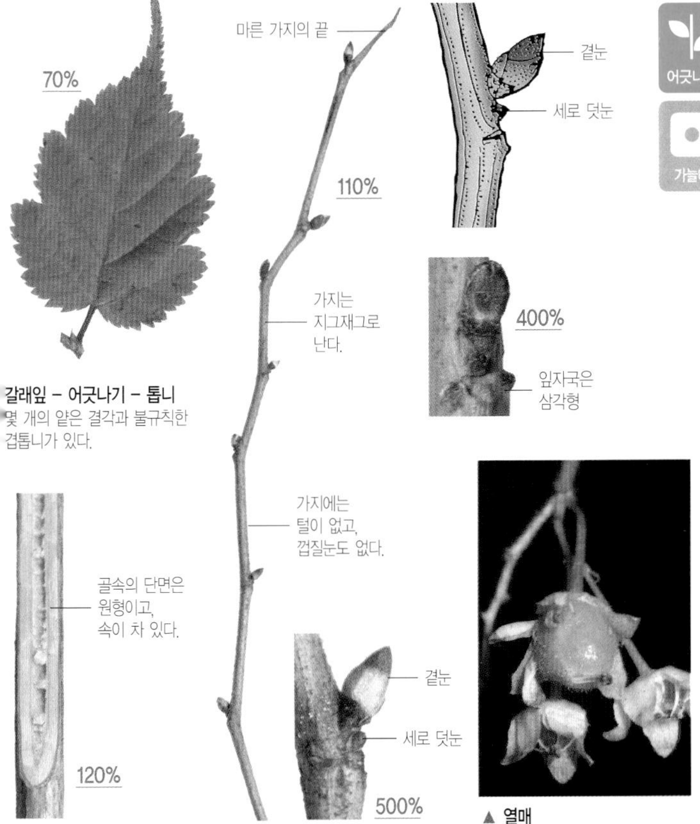

▲ 열매

❶ **겨울눈** : 달걀형이고 끝이 뾰족하며, 5~8장의 눈비늘조각에 싸여있다. 끝눈은 발달하지 않는다. 세력이 강한 가지는 세로덧눈이 나란히 붙으며, 다음 해에 발달하여 가지가 되는 경우가 많다.

❷ **잎자국** : 삼각형이며, 가운데가 부풀어 있다. 관다발자국은 3개이며, 잘 보이지 않는다.

❸ **가지** : 가늘고 옅은 갈색이며, 덧눈이 발달한 경우는 2개의 가지가 평행하게 나온다.

❹ **수피** : 회갈색이며, 세로로 갈라져 얇게 벗겨진다.

꽃눈은 구형, 잎눈은 원추형

명자나무

Chaenomeles speciosa 【장미과 명자나무속】

낙엽관목 • 수고 1~2m • 분포 중국, 미얀마가 원산지 ; 경상도와 황해도 이남 지역
• 용도 조경수, 정원수

❶ **겨울눈** : 꽃눈은 구형이고, 잎눈은 원추형이다.
❷ **잎자국** : 삼각형이며, 관다발자국은 3개
❸ **가지** : 갈색 또는 적갈색이며, 가지 끝이 가시로 변하기도 한다(경침, 莖針). 원형 또는 타원형의 작은 껍질눈이 있다.
❹ **수피** : 암자색이며, 껍질눈이 있다.

가지에 융털이 촘촘히 나 있다.

앵도나무

Prunus tomentosa 【장미과 벚나무속】

낙엽관목 • 수고 3m • 분포 중국이 원산지 ; 전국에 식재
• 용도 조경수, 관상수, 열매 식용

▲ 열매

❶ **겨울눈** : 원추형 또는 피침형이며, 끝이 뾰족하다. 6~8장의 눈비늘조각에 싸여있다.
❷ **잎자국** : 작고, 반원형 또는 타원형이다.
❸ **가지** : 많이 갈라지며, 융털이 촘촘히 나 있다. 짧은가지에 꽃눈이 집중적으로 달린다.
❹ **수피** : 흑갈색이며, 불규칙하게 벗겨진다.

가지 윗부분에는 대부분 꽃눈이 붙는다.

조팝나무

Spiraea prunifolia f. *simpliciflora*
[장미과 조팝나무속]

낙엽관목 • 수고 1.5~2m • 분포 중국 중남부 ; 제주도를 제외한 전국의 야산, 강가, 산지, 길가 • 용도 조경수, 약용

둥근잎 – 어긋나기 – 톱니
잎과 가지를 아래로 드리운다.

▲ 열매

▲ 전개한 겨울눈

❶ **겨울눈** : 구형~달걀형이고, 1~2장의 눈비늘조각에 싸여있다. 곁눈 옆에 가로덧눈이 난다. 가지의 윗부분에 달리는 눈은 대부분 꽃눈이다.

❷ **잎자국** : 작고, 반원형이다.

❸ **가지** : 적갈색이고 모가 나있으며, 광택이 있다. 부드러운 털이 있다가 점차 사라진다.

❹ **수피** : 오래되면 회색을 띠고, 껍질눈이 많아진다.

가지의 가시는 아래로 굽어서 붙는다.

찔레꽃

Rosa multiflora 〔장미과 장미속〕

낙엽관목 • 수고 2m • 분포 중국, 일본, 대만 ; 함경북도를 제외한 전국의 산야
• 용도 관상용, 약용, 향료

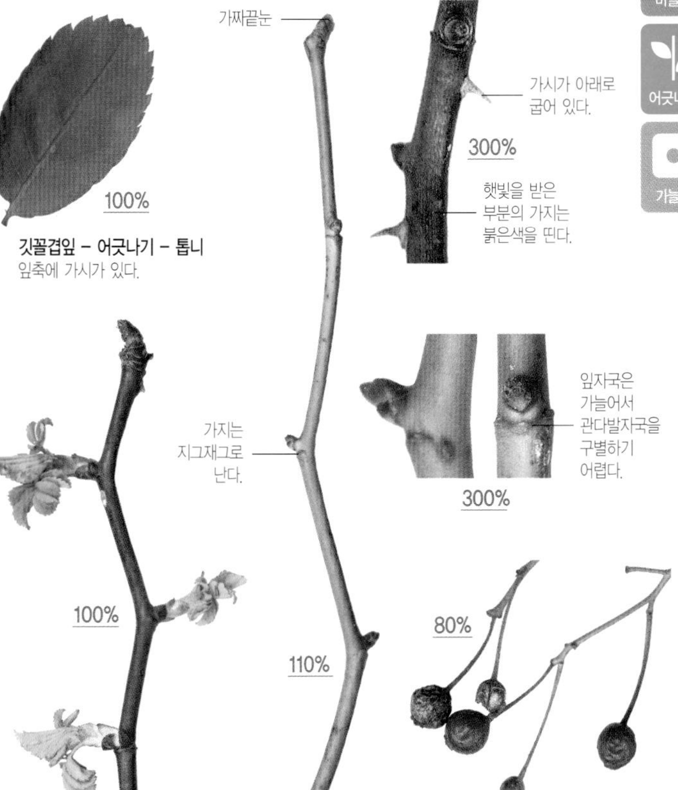

▲ 전개한 겨울눈

▲ 열매

❶ **겨울눈** : 달걀형~원통형이며, 붉은색을 띤다. 가짜끝눈은 작다. 4~6장의 눈비늘조각에 싸여있다.

❷ **잎자국** : 가늘고, 초승달형이며, 관다발자국은 잘 보이지 않는다.

❸ **가지** : 햇가지는 녹색이고, 아래로 굽은 가시가 붙어 있다. 붉은색 공 모양의 열매와 가을에 나온 잎이 붙어 있는 경우가 많다.

❹ **수피** : 흑자색이며, 오래되면 얇게 갈라지면서 벗겨진다.

1년생가지는 녹색이고, 지그재그로 난다.

황매화

Kerria japonica 【장미과 황매화속】

낙엽관목 • 수고 1.5~2m • 분포 일본, 중국 ; 강원도를 제외한 경기도 이남에 식재
• 용도 조경수, 정원수, 공원수

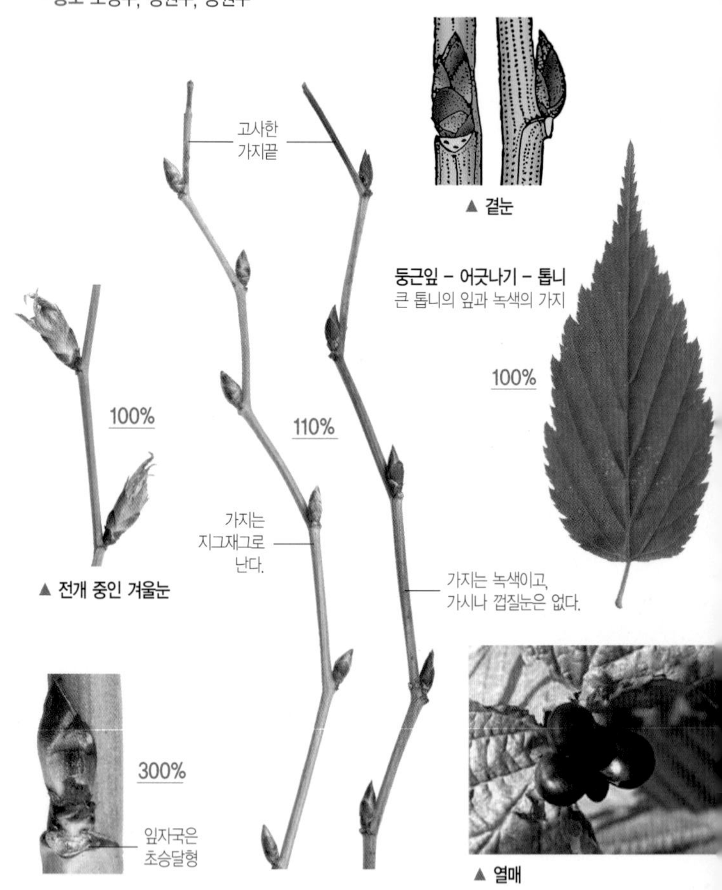

▲ 곁눈

▲ 전개 중인 겨울눈

▲ 열매

❶ **겨울눈** : 물방울형이고, 끝이 뾰족하다. 8~12장의 눈비늘조각에 싸여있다. 곁눈은 종종 2차 신장가지가 된다.

❷ **잎자국** : 초승달형이고, 관다발자국은 3개

❸ **가지** : 1년생가지는 녹색이고, 능이 있으며, 지그재그로 난다.

❹ **수피** : 연한 갈색이고, 세로로 긴 껍질눈이 많다.

끝눈은 월동잎에 싸여 잘 보이지 않는다.

철쭉

Rhododendron schlippenbachii
【진달래과 진달래속】

낙엽관목 • 수고 2~5m • 분포 중국 요동 남부, 내몽고, 극동러시아 ; 전국에 분포
• 용도 정원수, 공원수

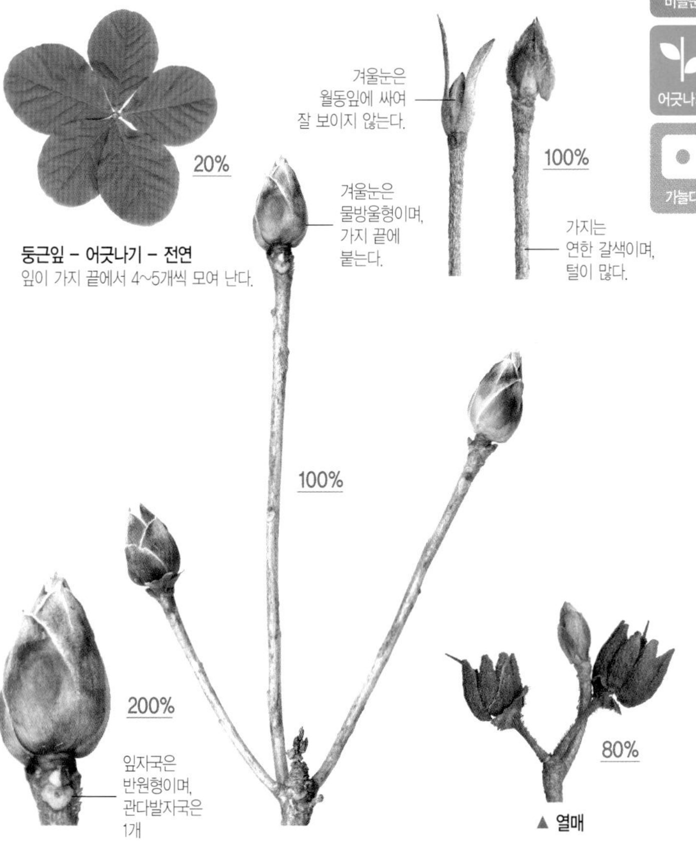

둥근잎 – 어긋나기 – 전연
잎이 가지 끝에서 4~5개씩 모여 난다.

▲ 열매

❶ **겨울눈** : 끝눈은 월동잎에 싸여 잘 보이지 않는다. 물방울형이며, 끝이 뾰족하다. 눈비늘에는 부드러운 털이 있다.

❷ **잎자국** : 반원형이며, 조금 융기한다. 관다발자국은 1개

❸ **가지** : 연한 갈색이며, 털이 있다가 점차 없어진다. 2~4개의 가지가 차바퀴 모양으로 돌려서 난다.

❹ **수피** : 회갈색~흑갈색이며, 노목이 되면 그물 모양으로 갈라진다.

가지 마디에 턱잎이 변한 가시가 있다.

골담초

Caragana sinica 【콩과 골담초속】

낙엽관목 • 수고 2m • 분포 중국이 원산지 ; 약용 혹은 관상용으로 재배
• 용도 조경수, 정원수, 약용

▲ 열매

❶ **겨울눈** : 원추형 또는 달걀형이고, 털로 덮여있다.
❷ **잎자국** : 타원형~반원형이며, 융기한다.
❸ **가지** : 회갈색이며, 세로로 능이 있다. 마디에 난 턱잎은 날카로운 가시로 변한다.
❹ **수피** : 회갈색이며, 가로로 긴 껍질눈이 있다.

잎자국은 다양한 모양이며, 겨울눈 주위를 둘러싼다.

나무수국

Hydrangea paniculata 【수국과 수국속】

조금 굵다

낙엽관목 • 수고 2~3m • 분포 러시아(사할린), 일본, 중국 ; 전국에 식재 • 용도 정원수, 산울타리, 나무못, 세공재

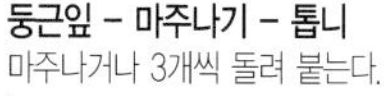

둥근잎 – 마주나기 – 톱니

마주나거나 3개씩 돌려 붙는다.

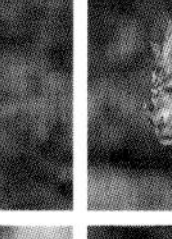
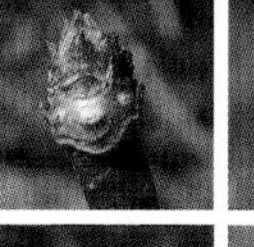

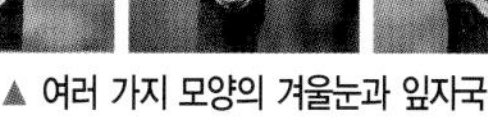

▲ 여러 가지 모양의 겨울눈과 잎자국

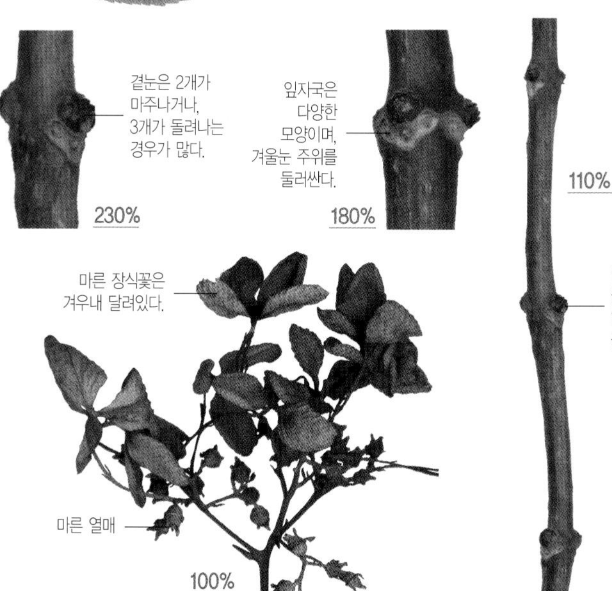

❶ **겨울눈** : 곁눈은 둥근형이고, 2개가 마주나거나 3개가 돌려난다.

❷ **잎자국** : V자형, 하트형, 삼각형 등 다양한 모양이며, 겨울눈 주위를 둘러싼다.

❸ **가지** : 적갈색이고 털이 없으며, 껍질눈이 많다.

❹ **수피** : 회갈색이고, 세로로 길게 갈라지면서 벗겨진다.

겨울눈은 꽃눈과 잎눈이 함께 들어 있는 섞임눈

딱총나무

Sambucus williamsii【인동과 딱총나무속】

낙엽관목 •수고 3m •분포 일본, 중국, 러시아, 몽골 ; 전국의 산지 •용도 관상용, 약용

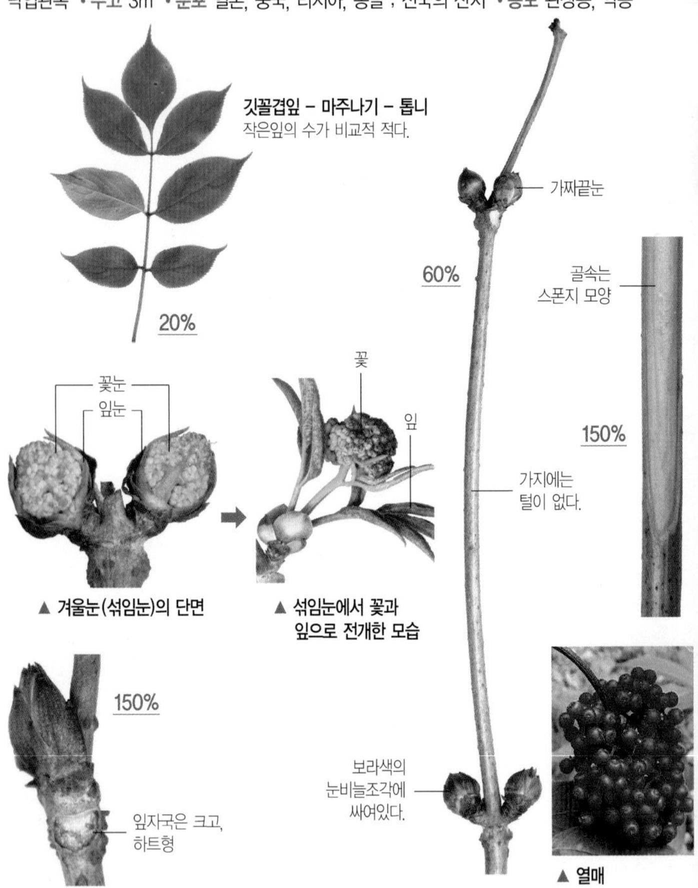

▲ **겨울눈(섞임눈)의 단면**

▲ **섞임눈에서 꽃과 잎으로 전개한 모습**

▲ **열매**

❶ **겨울눈** : 구형의 큰 섞임눈이 특징이다. 잎눈은 가는 물방울형이고, 끝눈은 발달하지 않는다. 눈비늘조각은 6~8장

❷ **잎자국** : 크고, 하트형 또는 콩팥형이다. 관다발자국은 3~5개

❸ **가지** : 연한 갈색이며, 원형 또는 타원형의 껍질눈이 많다. 겨울에 가지끝이 말라죽는 것이 많다.

❹ **수피** : 두꺼운 코르크층이 발달한다.

겨울눈은 꽃눈과 잎눈이 함께 들어 있는 섞임눈

말오줌나무

Sambucus sieboldiana
【인동과 딱총나무속】

낙엽관목 • 수고 4~5m • 분포 한국이 원산지 ; 울릉도 특산 식물 • 용도 관상용, 약용

조금 굵다

▲ 곁눈(섞임눈)

깃꼴겹잎 – 마주나기 – 톱니
작은잎이 2~3쌍인 홀수깃꼴겹잎

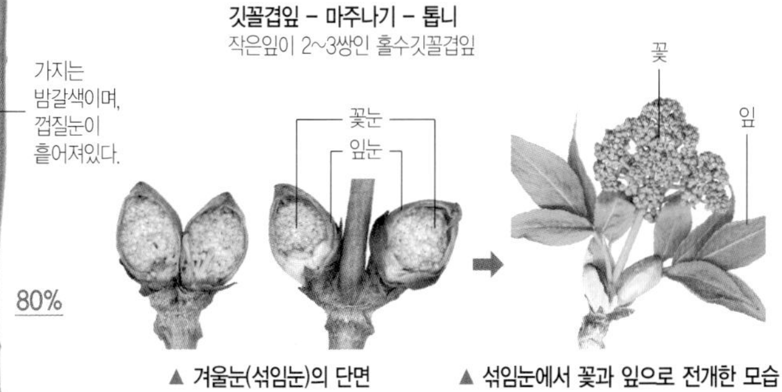

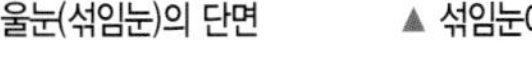

▲ 겨울눈(섞임눈)의 단면

▲ 섞임눈에서 꽃과 잎으로 전개한 모습

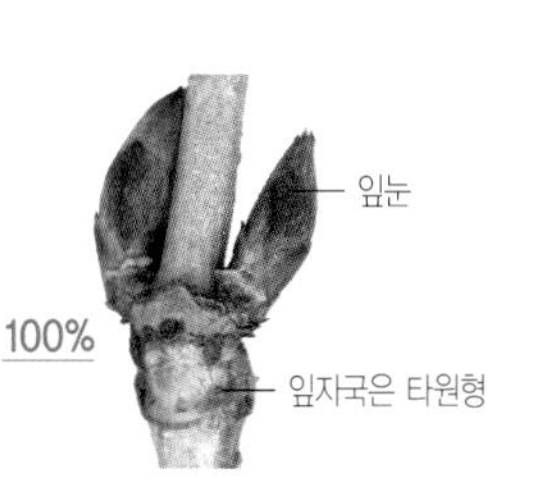

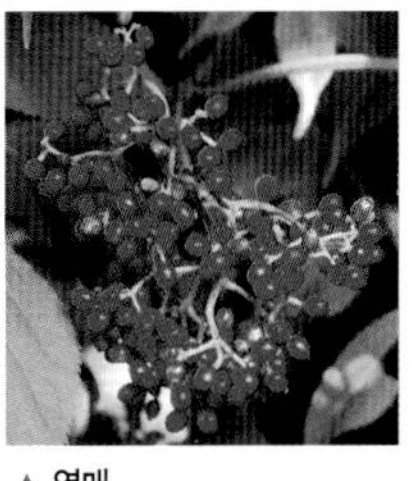

▲ 열매

❶ **겨울눈** : 달걀형 또는 긴 달걀형이며, 섞임눈이다. 밑부분의 작은 눈비늘조각을 제외하면, 6~8장의 눈비늘조각에 싸여있다.
❷ **잎자국** : 타원형이며, 관다발자국은 3~5개
❸ **가지** : 밤갈색이며, 껍질눈이 산재해있다. 겨울에 가지 끝이 말라죽는 것이 많다.
❹ **수피** : 회색 또는 회갈색이며, 노목에는 코르크질이 발달한다.

꽃눈은 구형이고, 잎눈은 달걀형

납매

Chimonanthus praecox 【납매과 납매속】

낙엽관목 •수고 3m •분포 중국이 원산지, 일본, 중국, 사할린 ; 전국의 공원과 정원에 식재 •용도 조경수, 절화용

▲ 전개한 꽃눈

▲ 열매

❶ **겨울눈** : 잎눈은 달걀형이고, 끝이 뾰족하며, 6~10장의 눈비늘조각에 싸여있다. 꽃눈은 구형이며, 15~18장의 눈비늘조각에 싸여있다.

❷ **잎자국** : 반원형이고, 융기한다.

❸ **가지** : 작은 능이 있고, 타원형의 흰색 껍질눈이 있다.

❹ **수피** : 연한 회갈색이고, 작은 껍질눈이 있다.

가지에 작은 능이 있고, 골속은 비어 있다.

개나리

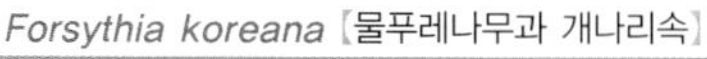

Forsythia koreana 【물푸레나무과 개나리속】

관목

비늘눈

마주나기

중간 굵기

낙엽관목 • 수고 3m • 분포 한반도 고유종 ; 전국의 공원 및 정원에 관상수로 식재 • 용도 조경수, 산울타리, 약용

70%

둥근잎 – 마주나기 – 톱니
주로 상반부에만
날카로운 톱니가 있다.

곁눈

덧눈

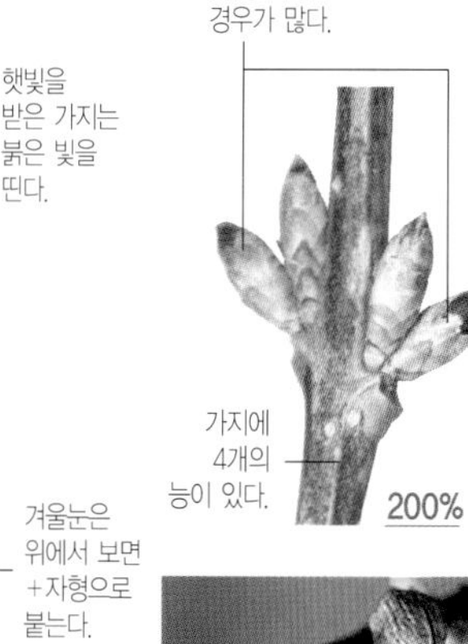

골속은
비어 있다.

100%

400%

잎자국은
삼각형

▲ 열매

❶ **겨울눈** : 타원형이고, 끝이 뾰족하며, 가로덧눈이 붙는다. 눈비늘조각은 12~16장
❷ **잎자국** : 삼각형 또는 반원형이며, 약간 융기한다.
❸ **가지** : 옆으로 퍼지며 활처럼 길게 뻗는다. 가지에 4개의 능이 있고, 골속은 비어 있다.
❹ **수피** : 회갈색이며, 껍질눈이 뚜렷하다.

가지 끝에 곁눈보다 조금 큰 가짜끝눈이 2개 붙는다.

라일락

Syringa vulgaris 【물푸레나무과 수수꽃다리속】

낙엽관목 • 수고 4m • 분포 동유럽(불가리아, 헝가리)이 원산지 ; 전국의 공원과 정원에 식재 • 용도 조경수

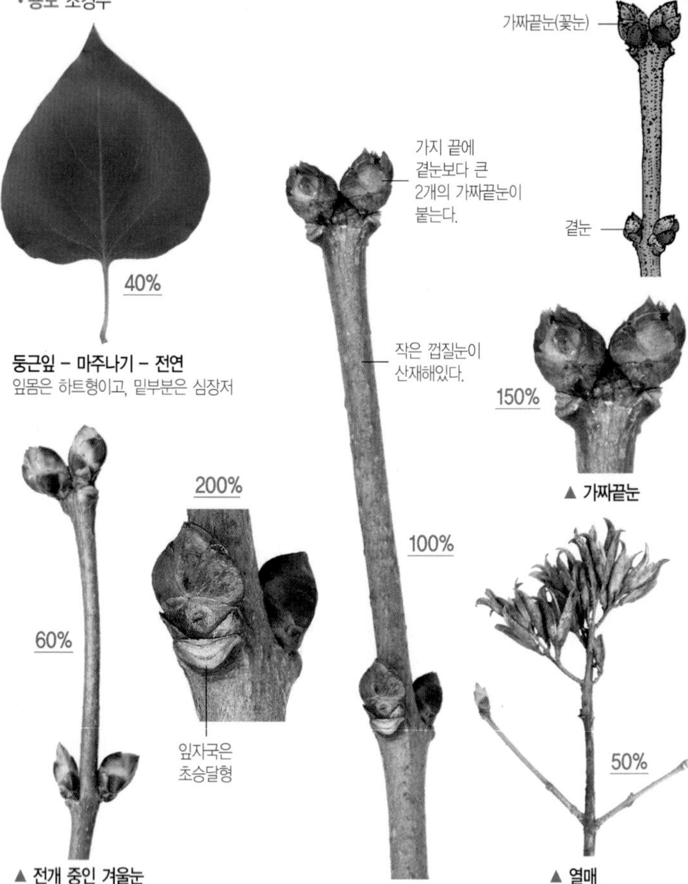

둥근잎 – 마주나기 – 전연
잎몸은 하트형이고, 밑부분은 심장저

▲ 가짜끝눈

▲ 전개 중인 겨울눈

▲ 열매

❶ **겨울눈** : 달걀형이고, 끝이 뾰족하다. 6~8장의 적갈색 눈비늘조각에 싸여있다. 가지 끝에 2개의 가짜끝눈이 붙는다.

❷ **잎자국** : 초승달형 또는 반원형이며, 관다발자국은 1개

❸ **가지** : 햇가지는 회갈색이고, 털이 없다.

❹ **수피** : 회갈색이며, 세로로 불규칙하게 갈라진다.

가지에 갈색의 털이 많고, 골속은 비어 있다.

말발도리

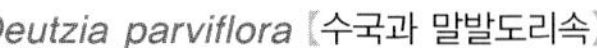

Deutzia parviflora 【수국과 말발도리속】

낙엽관목 • 수고 2m • 분포 중국, 몽골, 러시아 ; 제주도를 제외한 전국의 고도가 낮은 산지 • 용도 조경수, 산울타리, 녹화용

둥근잎 – 마주나기 – 톱니
잎가장자리에 불규칙한 잔톱니가 있다.

▲ 골속
비어 있다.

▲ 열매

① **겨울눈** : 달걀형이며, 끝이 뾰족하다. 가지 끝에 대부분 가짜끝눈이 2개 달린다.
② **잎자국** : 초승달형 또는 삼각형이고, 관다발자국은 3개
③ **가지** : 적갈색이며, 별모양의 갈색 털이 있다. 골속은 비어 있다.
④ **수피** : 회갈색이며, 오래되면 종잇장처럼 길게 벗겨진다.

겨울눈은 달걀형이고, 끝이 뾰족하다.

가막살나무 *Viburnum dilatatum* 【인동과 산분꽃나무속】

낙엽관목 •수고 3m •분포 일본, 중국, 대만 ; 주로 남부 지역의 산지 •용도 조경수, 산울타리

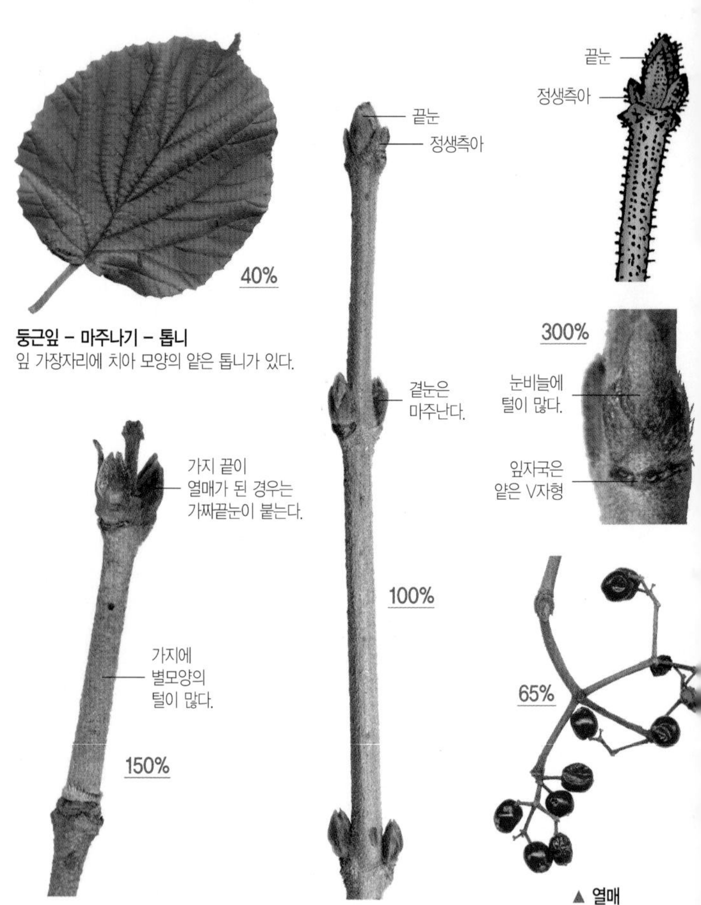

둥근잎 – 마주나기 – 톱니
잎 가장자리에 치아 모양의 얕은 톱니가 있다.

▲ 열매

❶ **겨울눈** : 달걀 모양이고, 끝은 조금 뾰족하다. 눈비늘조각은 2~4장이며, 짧은 털이 밀생한다. 끝눈 곁에 곁눈이 달리기도 한다(정생측아).

❷ **잎자국** : 얕은 V자형이며, 관다발자국은 3개

❸ **가지** : 회갈색이며, 별모양의 털이 많다.

❹ **수피** : 회갈색이며, 오래될수록 거칠어진다.

가지 끝에 2개의 가짜끝눈이 붙는다.

백당나무

Viburnum opulus var. *calvescens*
【인동과 산분꽃나무속】

관목

비늘눈

마주나기

중간 굵기

낙엽관목 • 수고 3m • 분포 극동 러시아, 중국, 일본 ; 전국적으로 분포
• 용도 관상용, 정원수

30%

갈래잎 – 마주나기 – 전연
잎자루는 세로로 골이 지고, 윗부분에 꿀샘이 있다.

▲ 가짜끝눈 ▲ 곁눈

30%

▲ 열매

가지 끝에 2개의 가짜끝눈이 달린다.

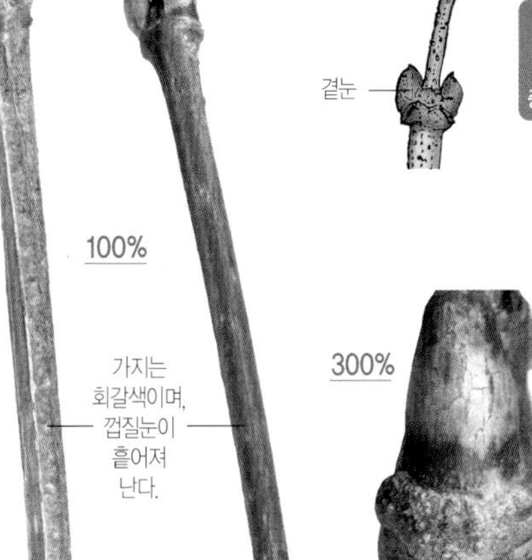

고사한 가지

곁눈

300%

곁눈은 마주난다.

잎자국은 V자형

❶ **겨울눈** : 긴 달걀형이고, 끝은 뾰족하다. 1장의 눈비늘조각에 싸여있다. 가지 끝에 2개의 가짜끝눈이 붙는다.
❷ **잎자국** : V자형 또는 초승달형이고, 관다발자국은 3개
❸ **가지** : 적갈색이며, 껍질눈이 흩어져있다.
❹ **수피** : 회갈색이며, 오래되면 불규칙하게 갈라진다.

곁눈에 가로덧눈이 붙는다.

병꽃나무

Weigela subsessilis [인동과 병꽃나무속

낙엽관목 • 수고 2~3m • 분포 한반도 고유종 ; 황해도, 강원도 이남의 산지
• 용도 조경수, 지피식물, 산울타리

끝눈

▲ 곁눈

50%

110%

둥근잎 – 마주나기 – 톱니
잎 양면에 털이 많지만 점차 줄어든다.

300%

겨울눈은 마주난다.

잎자국은 삼각형이며, 관다발자국은 3개

100%

가지는 회갈색이며, 털이 줄지어 난다.

50%

▲ 겨울의 마른 잎 ▲ 전개한 겨울눈 ▲ 열매

❶ **겨울눈** : 달걀형이고, 끝이 뾰족하다. 14~16장의 눈비늘조각에 싸여있다. 곁눈은 끝눈보다 조금 작고, 마주난다. 곁눈에 가로덧눈이 붙기도 한다.
❷ **잎자국** : 삼각형 또는 초승달형이며, 관다발자국이 3개
❸ **가지** : 회갈색이고, 털이 줄지어 나 있다.
❹ **수피** : 회갈색이며, 세로로 길게 갈라진다.

겨울눈은 달걀형이며, 마주난다.

병아리꽃나무

Rhodotypos scandens
【장미과 병아리꽃나무속】

낙엽관목 •수고 2m •분포 중국, 일본 ; 중부 지역(경기도, 황해도, 강원도, 경북) 이남의 낮은 산지 •용도 조경수

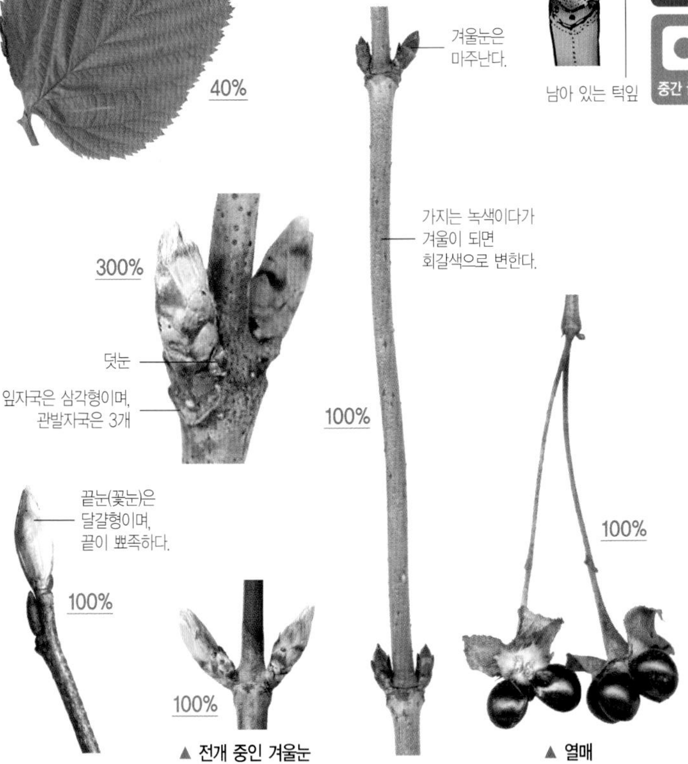

▲ 전개 중인 겨울눈

▲ 열매

❶ **겨울눈** : 달걀형이고, 끝이 뾰족하며, 마주난다. 6~12장의 눈비늘조각에 싸여있다. 곁눈에는 가로덧눈이 붙는다.

❷ **잎자국** : 삼각형이며, 관다발자국은 3개

❸ **가지** : 어린 가지는 녹색이며, 겨울에는 회갈색으로 변한다. 털은 있다가 점차 없어진다.

❹ **수피** : 회색이며, 껍질눈이 많다.

가지 끝에 2개의 가짜끝눈이 붙는다.

고추나무

Staphylea bumalda 〔고추나무과 고추나무속〕

낙엽관목 • 수고 3~5m • 분포 중국, 일본 ; 전국적으로 분포 • 용도 조경수, 식용(어린잎)

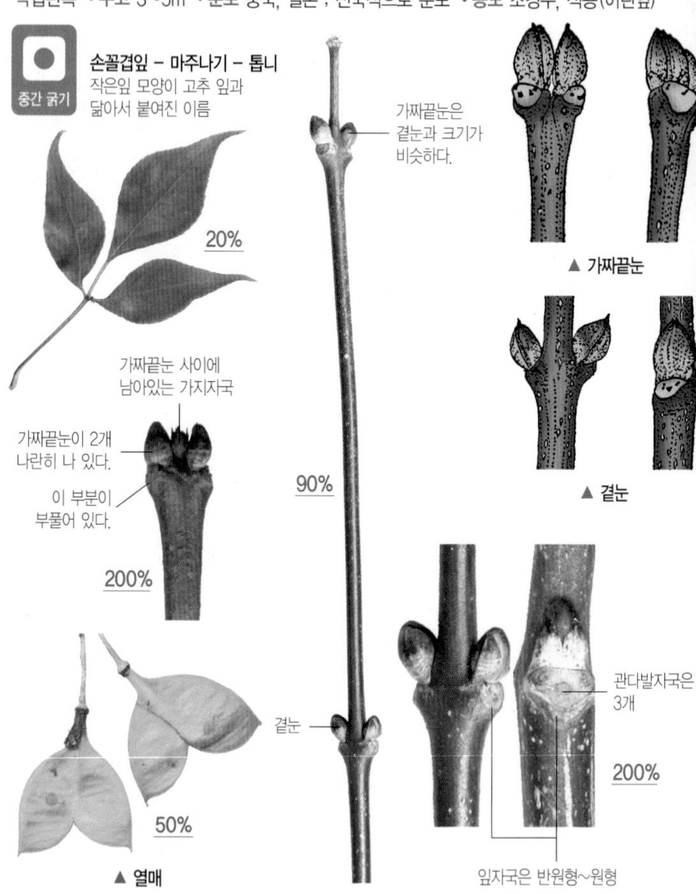

❶ **겨울눈** : 달걀형~짧은 물방울형이고, 가지 끝에 보통 2개의 가짜끝눈이 붙는다. 눈비늘 조각은 2장이고, 검은색을 띤다.

❷ **잎자국** : 반원형~원형이고 조금 융기한다. 관다발자국은 3개

❸ **가지** : 끝부분에 고사한 가지가 남아있는 것이 많다. 편평한 하트형의 열매가 남아있는 경우도 있다.

❹ **수피** : 회백색이고, 비교적 매끈한 편이다.

가지 끝에 2개의 가짜끝눈이 달려있다.

괴불나무

Lonicera maackii 【인동과 인동속】

낙엽관목 • 수고 5m • 분포 중국 북부와 서부, 일본, 러시아 남동부 ; 전국의 백두대간
• 용도 관상용, 정원수, 식용, 약용

▲ 열매

❶ **겨울눈** : 가지 끝에 2개의 가짜끝눈이 달려있다. 겨울눈은 달걀형이며, 14~16장의 눈비늘조각에 싸여있다.

❷ **잎자국** : 삼각형~초승달형이며, 3개의 관다발자국이 있다.

❸ **가지** : 갈색이며, 처음에는 털이 있다가 차츰 없어진다. 가지의 골속은 비어있다.

❹ **수피** : 회갈색이며, 오래되면 세로로 얕게 갈라진다.

가지 끝에 줄기가 변한 가시가 있다.

갈매나무

Rhamnus davurica 【갈매나무과 갈매나무속】

낙엽관목 •수고 5m •분포 중국, 극동러시아, 일본 ; 함경남북도~강원도까지 주로 백두대간에 분포 •용도 약용, 염료, 공예

▲ 열매

❶ **겨울눈** : 달걀형이고, 끝이 조금 뾰족하며, 6장의 눈비늘조각에 싸여있다.
❷ **잎자국** : 반원형 또는 초승달형이고, 조금 융기한다. 관다발자국은 3개
❸ **가지** : 1년생가지는 굵고, 가지 끝의 가시는 줄기의 일부가 변한 줄기가시(경침, 莖針)
❹ **수피** : 짙은 회색이고, 세로로 불규칙하게 갈라진다. 원형의 껍질눈이 많다.

겨울눈의 가장자리에 자갈색의 테두리가 있다.

화살나무 *Euonymus alatus* 〔노박덩굴과 화살나무속〕

낙엽관목 • 수고 3m • 분포 일본, 중국, 러시아 동부 ; 전국의 산지
• 용도 조경수, 약용, 식용(잎)

둥근잎 – 마주나기 – 톱니
불타는 듯한 붉은 단풍이 아름답다.

▲ 열매

❶ **겨울눈** : 물방울형이며, 6~10장의 눈비늘조각에 싸여있다. 가장자리에 자갈색 테두리가 있다.

❷ **잎자국** : 반원형 또는 V자형이며, 관다발자국은 1개

❸ **가지** : 털이 없고, 녹색이다. 코르크질의 판 모양의 날개가 있다. 야생종은 날개가 크지 않다. 겨울에도 주홍색의 종자가 매달려 있는 것이 보인다.

❹ **수피** : 회갈색 또는 회색

곁눈 밑에 작은 세로덧눈이 붙는다.

좀목형

Vitex negundo var. *incisa* 【마편초과 순비기나무속】

낙엽관목 •수고 2m •분포 중국, 인도, 동남아시아 ; 경상남북도, 경기도, 충북의 숲 가장자리, 하천가, 길가 •용도 밀원식물, 관상수, 방향유

▲ 열매

❶ **겨울눈** : 작고, 구형~넓은 달걀형이다. 끝이 뾰족하며, 부드러운 털로 덮여있다. 곁눈 밑에 작은 세로덧눈이 있다.

❷ **잎자국** : 하트형~콩팥형

❸ **가지** : 회갈색이고 모가 지며, 털이 많다.

❹ **수피** : 회갈색이며, 세로로 갈라진다.

적자색의 꽃눈이 포도송이처럼 뭉쳐서 붙는다.

미선나무

Abeliophyllum distichum
【물푸레나무과 미선나무속】

낙엽관목 • 수고 1m • 분포 한국 특산 식물 ; 전북(변산), 충북(괴산, 영동), 북한산의 숲 가장자리 • 용도 조경수

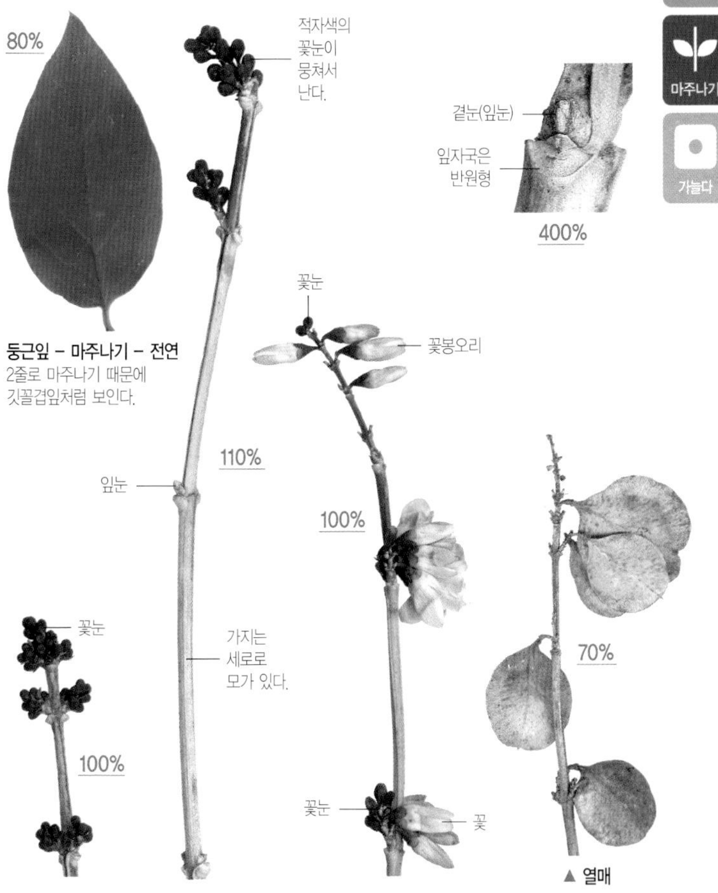

❶ **겨울눈** : 꽃눈은 적자색이며, 뭉쳐서 난다. 잎눈은 둥근 달걀형이며, 끝이 뾰족하다.

❷ **잎자국** : 반원형이며, 융기한다. 관다발자국은 1개

❸ **가지** : 가지의 끝은 보통 말라 죽는다.

❹ **수피** : 회갈색이며, 세로로 길게 갈라져서 벗겨진다.

겨울눈은 자갈색의 눈비늘조각에 싸여있다.

영춘화

Jasminum nudiflorum 【물푸레나무과 영춘화속】

낙엽관목 •수고 3m •분포 중국이 원산지 ; 남부 지방에 관상수로 식재 •용도 관상용, 지피식물

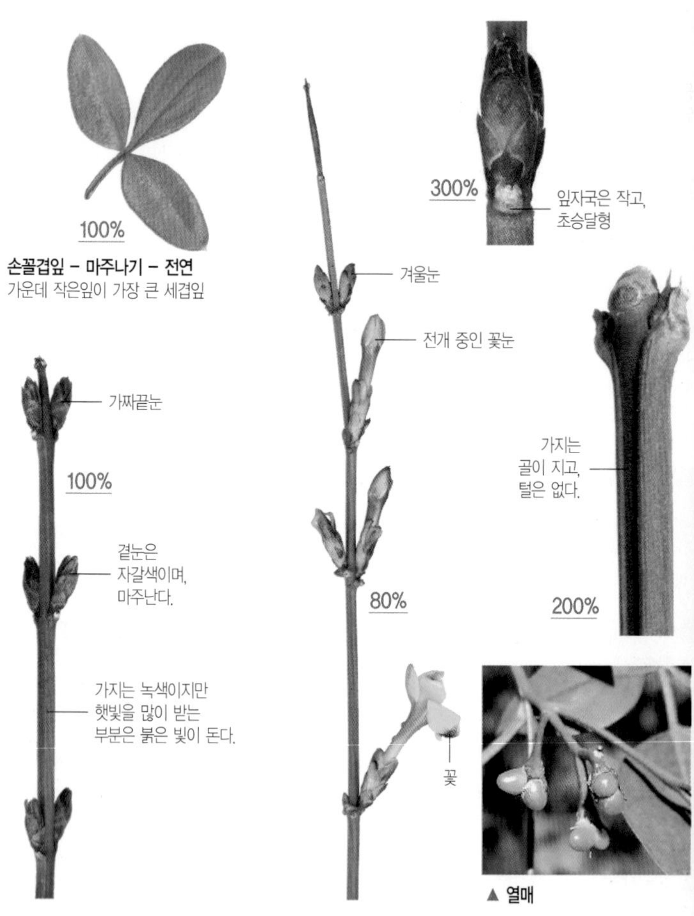

▲ 열매

❶ **겨울눈** : 달걀형이며, 자갈색의 눈비늘조각에 싸여있다.

❷ **잎자국** : 반원형 또는 초승달형

❸ **가지** : 녹색을 띠지만, 햇빛을 많이 받은 부분은 붉은색을 띤다. 가지가 많이 갈라져 옆으로 퍼진다.

❹ **수피** : 회갈색이며, 작은 조각으로 떨어져 나간다.

끝눈은 잘 발달하지 않고, 곁눈은 마주난다.

쥐똥나무

Ligustrum obtusifolium
【물푸레나무과 쥐똥나무속】

낙엽관목 •수고 3m •분포 중국, 일본, 사할린 ; 전국의 낮은 산지
•용도 산울타리, 약용(열매)

둥근잎 – 마주나기 – 전연
잎 가운데 주맥이 움푹 들어가 있다.

▲ 곁눈

▲ 가짜끝눈

▲ 곁눈

▲ 전개 중인 겨울눈

▲ 열매(이름의 유래)

❶ **겨울눈** : 달걀형이고, 끝이 뾰족하다. 가지 끝에 끝눈이 1개 붙고, 곁눈은 마주난다. 끝눈은 발달하지 않는 것이 많다. 6~8장의 눈비늘조각에 싸여있다.
❷ **잎자국** : 반원형이고, 융기한다.
❸ **가지** : 잘 분지하여 서로 얽힌다. 햇가지에는 가는 털이 있다.
❹ **수피** : 회백색~회갈색이며, 둥근 껍질눈이 많다.

겨울눈은 긴 달걀형이며, 1장의 눈비늘조각에 싸여있다.

키버들

Salix koriyanagi 〔버드나무과 버드나무속〕

낙엽관목 • 수고 1m • 분포 일본이 원산지 ; 전국에 식재 • 용도 조경수, 공예품

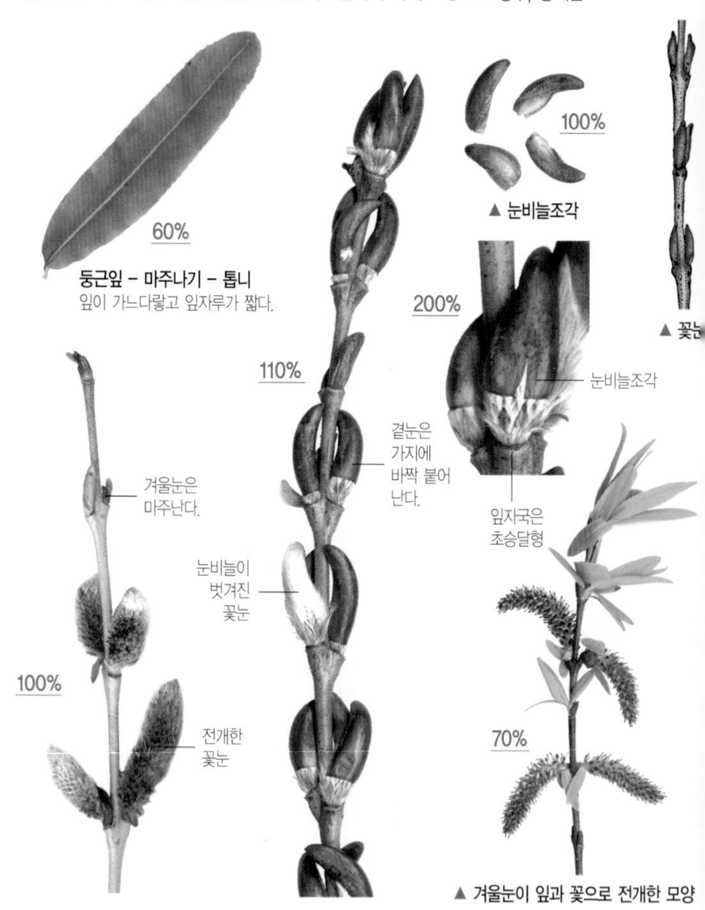

▲ 겨울눈이 잎과 꽃으로 전개한 모양

❶ **겨울눈** : 긴 달걀형이며, 끝이 뾰족하다. 1장의 눈비늘조각에 싸여있다. 겨울눈은 거의 마주나며, 가끔 어긋나기도 한다. 곁눈은 가지에 바짝 붙어서 난다(복생, 伏生).

❷ **잎자국** : 초승달형이며, 관다발자국은 3개

❸ **가지** : 황갈색~갈색이다. 길게 뻗으며, 점차 가늘어진다.

❹ **수피** : 회색이며, 매끈하다.

가지에는 별모양의 털이 많고, 골속은 비어 있다.

빈도리

Deutzia crenata 【수국과 말발도리속】

낙엽관목 • 수고 1~3m • 분포 일본이 원산지 ; 전국에 관상용으로 식재 • 용도 조경수

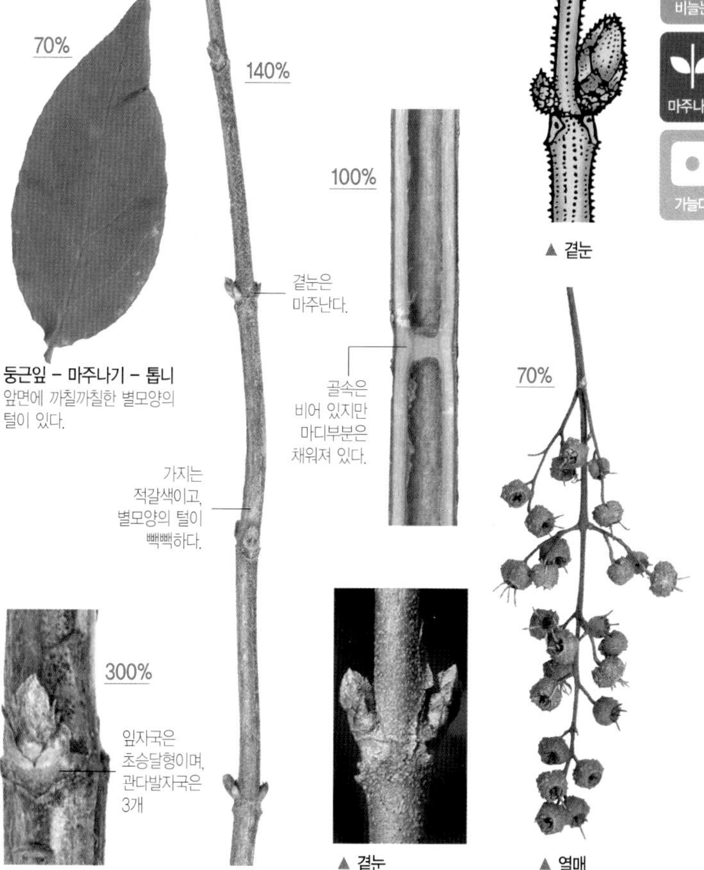

둥근잎 – 마주나기 – 톱니
앞면에 까칠까칠한 별모양의 털이 있다.

▲ 곁눈

▲ 곁눈

▲ 열매

❶ **겨울눈** : 달걀형이고 털이 있으며, 끝이 뾰족하다. 8~10장의 눈비늘조각에 싸여있다. 가지 끝에는 2개의 가짜끝눈이 붙는다.
❷ **잎자국** : 초승달형 또는 V자형이며, 관다발자국은 3개
❸ **가지** : 적갈색이고, 별모양의 털이 빽빽하다. 골속은 비어 있다.
❹ **수피** : 회갈색이며, 종잇조각처럼 길게 벗겨진다.

겨울눈 중간에 눈비늘조각 이음매가 있다.

덜꿩나무

Viburnum erosum

【인동과 산분꽃나무속】

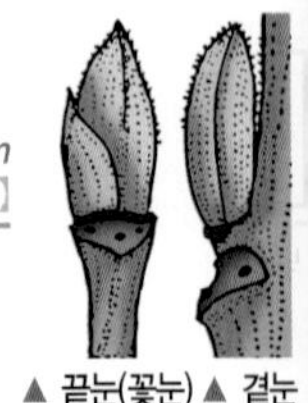

▲ 끝눈(꽃눈) ▲ 곁눈

낙엽관목 •수고 2m •분포 중국, 일본, 대만 ; 경기도 이남의 낮은 산지
•용도 조경수, 식용

비늘눈

마주나기

가늘다

둥근잎 – 마주나기 – 톱니
앞면의 주름이 깊고, 뒷면의 잎맥이 뚜렷하다.

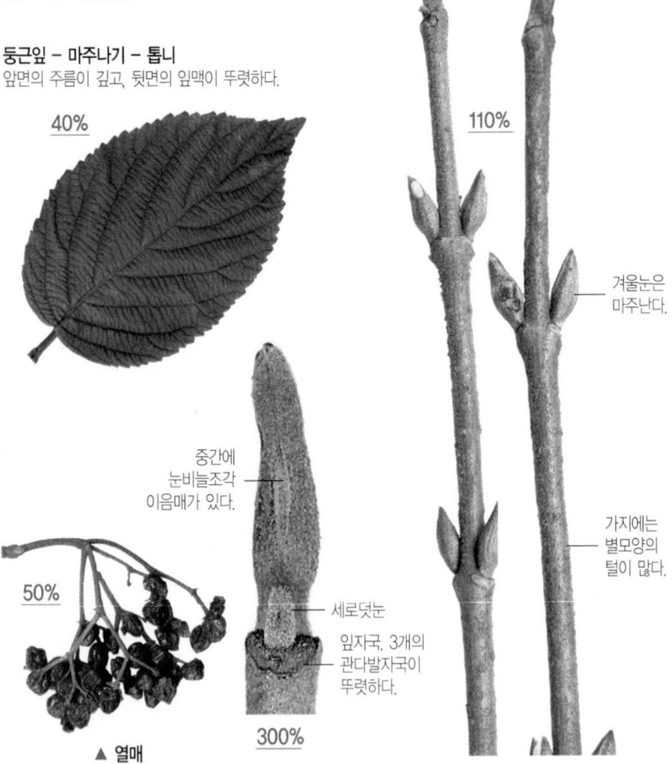

▲ 열매

❶ **겨울눈** : 달걀형이고, 끝이 뾰족하다. 별모양의 털로 덮인 2~4장의 눈비늘조각에 싸여 있다.

❷ **잎자국** : V자형 또는 삼각형이고, 관다발자국은 3개

❸ **가지** : 갈색이며, 별모양의 털이 많다. 가막살나무보다 가늘다.

❹ **수피** : 회갈색이며, 불규칙하게 갈라진다.

겨울눈은 맨눈이며, 적갈색 털로 덮여있다.

뜰보리수

Elaeagnus multiflora
【보리수나무과 보리수나무속】

낙엽관목 • 수고 3m • 분포 일본이 원산지 ; 전국의 공원 및 정원에 식재
• 용도 조경수, 식용, 약용

▲ 곁눈

▲ 열매

❶ **겨울눈** : 눈비늘조각이 없는 맨눈. 달걀형이고, 끝이 뾰족하다. 물고기 비늘 모양의 적갈색 비늘털로 덮여있다.
❷ **잎자국** : 반원형 또는 삼각형이고, 관다발자국은 1개
❸ **가지** : 어린 가지는 갈색의 비늘털로 빽빽이 덮여있다.
❹ **수피** : 노목에서는 흑갈색이며, 세로로 불규칙하게 갈라진다.

겨울눈은 맨눈이며, 혹 모양이다.

무궁화

Hibiscus syriacus 〔아욱과 무궁화속〕

낙엽관목 •수고 4m •분포 중국, 인도, 동아시아가 원산지 ; 전국적으로 널리 식재(원예품종) •용도 조경수, 산울타리, 약용, 분재용

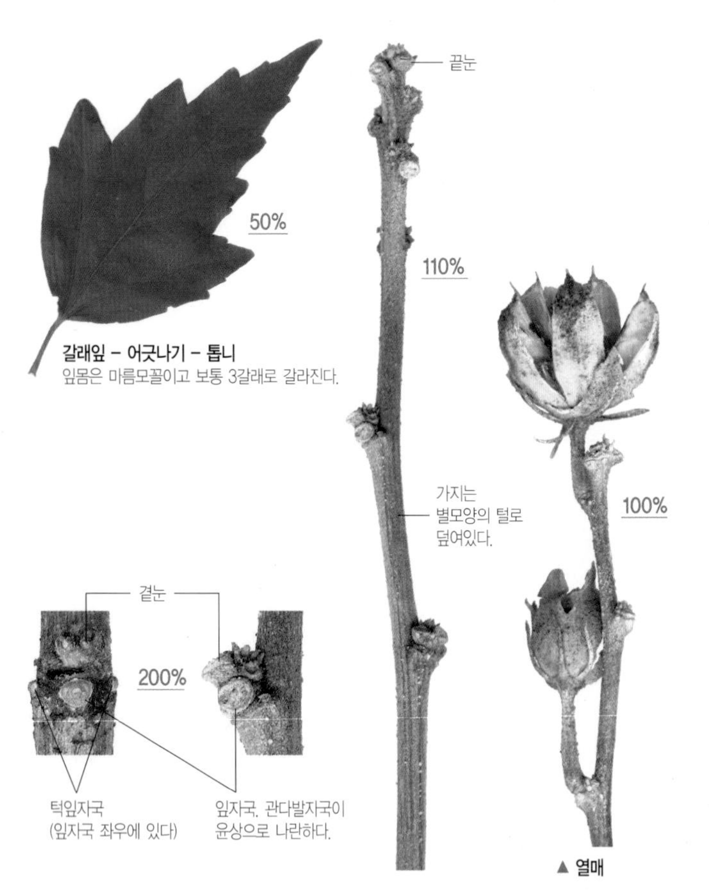

▲ 열매

❶ **겨울눈** : 눈비늘이 없는 맨눈이고, 혹 모양으로 부풀어 있다. 별모양의 털이 빽빽하다. 끝눈은 열매자루자국과 잎자국이 짧은가지 모양으로 겹쳐서 나 있다.

❷ **잎자국** : 초승달형 또는 반원형이며, 잎자국 좌우에 둥근 턱잎자국이 있다.

❸ **가지** : 가지 끝은 굵고, 별모양의 털이 있다.

❹ **수피** : 회백색이며, 노목은 세로로 불규칙하게 갈라진다.

가지는 홍자색이며, 흰색 껍질눈이 많다.

흰말채나무 *Cornus alba* 【층층나무과 층층나무속】

낙엽관목 • 수고 3m • 분포 중국, 러시아, 몽골 ; 전국 각지에 관상수로 식재
• 용도 산울타리, 조경수

40%

둥근잎 – 마주나기 – 전연
측맥이 잎끝을 향해 둥글게 뻗는다.

110%

끝눈은 긴 달걀형이고, 끝이 뾰족하다.

곁눈은 가지에 바짝 붙어서 난다.

흰색 껍질눈

300%

끝눈. 갈색의 누운 털로 덮여있다.

곁눈

70%

가지는 홍자색을 띤다.

200%

잎자국은 V자형

▲ **열매**

❶ **겨울눈** : 끝눈은 긴 달걀형이고, 끝이 뾰족하다. 갈색의 누운 털로 덮여있다. 곁눈은 끝눈보다 작다.

❷ **잎자국** : 초승달형~V자형이며, 관다발자국은 3개

❸ **가지** : 홍자색을 띠며, 겨울에 특히 붉은 빛이 더 선명하다. 흰색 껍질눈이 많다.

❹ **수피** : 여름에는 청색이다가 가을부터 붉은 빛이 돈다.

꽃눈은 여러 개가 모여서 벌집 모양이다.

삼지닥나무 *Edgeworthia chrysantha*

【팥꽃나무과 삼지닥나무속】

낙엽관목 • 수고 1~2m

• 분포 중국이 원산지 ; 전남, 경남 및 제주도의 정원 및 공원에 식재

• 용도 섬유 자원(수피), 조경수

▲ 꽃눈이 꽃으로 전개한 모양

둥근잎 – 어긋나기 – 전연

잎몸이 피침형으로 늘씬한 모양이다.

잎눈도 비단털로 덮여있다.

100%

가지가 3갈래로 갈라진다 (이름의 유래).

100%

▲ 열매

❶ **겨울눈** : 맨눈이며, 광택이 있는 은백색 비단털로 덮여있다. 꽃눈은 여러 개가 모여서 마치 벌집 모양을 하고 있어서, 눈에 잘 띈다. 잎눈은 뾰족하다.

❷ **잎자국** : 반원형이고, 융기한다. 관다발자국은 1개

❸ **가지** : 누운 털이 있다가 점차 없어진다. 3갈래로 갈라지는 특성이 있다.

❹ **수피** : 회색이고, 세로로 줄이 나 있다.

가지는 녹색~적갈색이며, 턱잎이 변한 가시는 마주 달린다.

초피나무

Zanthoxylum piperitum
【운향과 산초나무속】

낙엽관목 • 수고 1~5m • 분포 일본, 중국, 만주 ; 황해도 이남의 낮은 산지의 숲 가장자리나 너덜지대 주변 • 용도 향신료, 식용, 약용, 산울타리

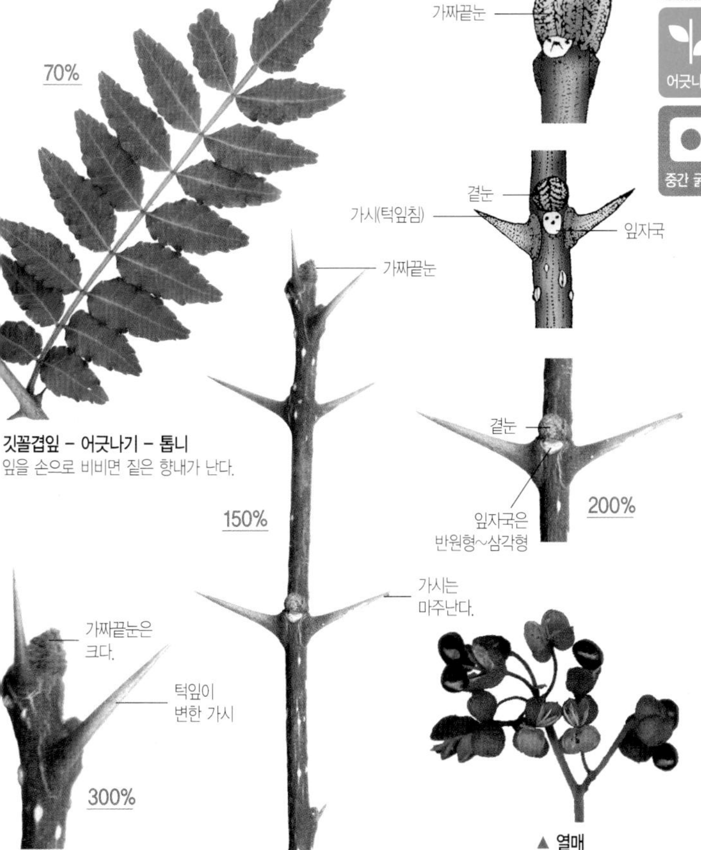

깃꼴겹잎 – 어긋나기 – 톱니
잎을 손으로 비비면 짙은 향내가 난다.

▲ 열매

❶ **겨울눈** : 구형이고 암갈색을 띤다. 맨눈이며 누운 털로 덮여있다. 가짜끝눈은 크고, 겨울눈을 꺾으면 방향이 있다.

❷ **잎자국** : 반원형~삼각형이며, 관다발자국은 3개

❸ **가지** : 녹색~적갈색이며, 작은 껍질눈이 있다. 턱잎이 변한 가시는 마주 달린다.

❹ **수피** : 회갈색이며, 흰색 점이 있고 세로로 얕게 갈라진다. 표면에 가시와 돌기가 많다.

겨울눈은 맨눈이며, 갈색과 은색의 잔털로 덮여있다.

보리수나무

Elaeagnus umbellata
[보리수나무과 보리수나무속]

낙엽관목 • 수고 3~4m
• 분포 중국(랴오닝성), 일본(홋카이도 이남) ; 중부 이남의 숲 가장자리 및 계곡 주변
• 용도 조경수, 열매 식용, 약용

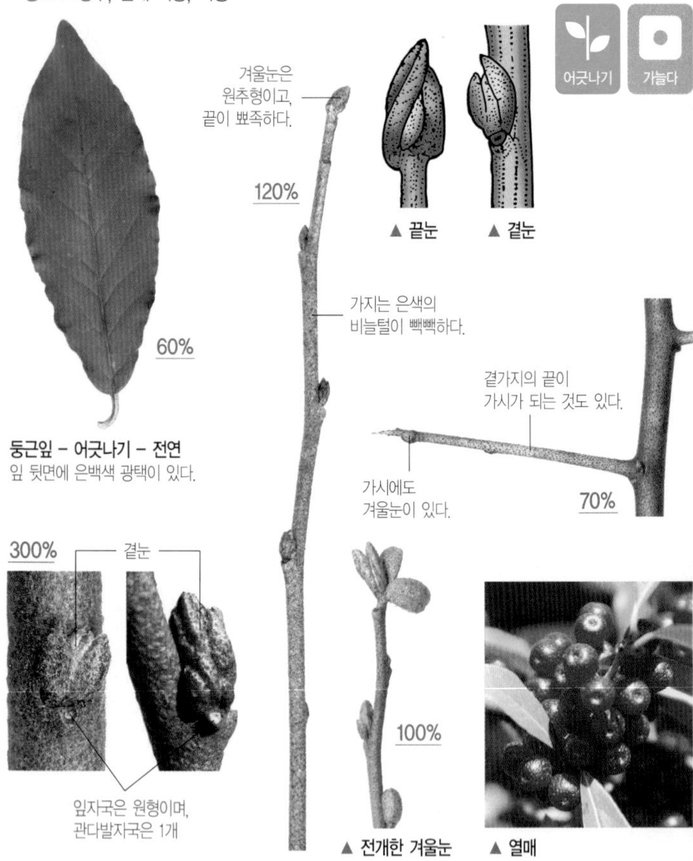

둥근잎 – 어긋나기 – 전연
잎 뒷면에 은백색 광택이 있다.

▲ 전개한 겨울눈 ▲ 열매

❶ **겨울눈** : 맨눈. 넓은 달걀형 또는 원추형이며, 끝은 뾰족하다. 갈색과 은색의 비늘 모양의 잔털로 덮여있다. 끝눈은 곁눈보다 조금 크다.
❷ **잎자국** : 반원형 또는 원형이며, 관다발자국은 1개
❸ **가지** : 1년생가지에는 은색의 비늘털이 빽빽하다. 가지 끝은 가시로 변하기도 한다.
❹ **수피** : 회흑색이며, 세로로 얕게 갈라진다.

겨울눈은 달걀형이며, 끝눈은 맨눈이고 곁눈은 비늘눈이다.

수국

Hydrangea macrophylla [수국과 수국속]

관목

맨눈

마주나기

조금 굵다

낙엽관목 • 수고 1m • 분포 일본이 원산지 ; 전국의 정원 및 공원에 식재
• 용도 조경수, 분화용

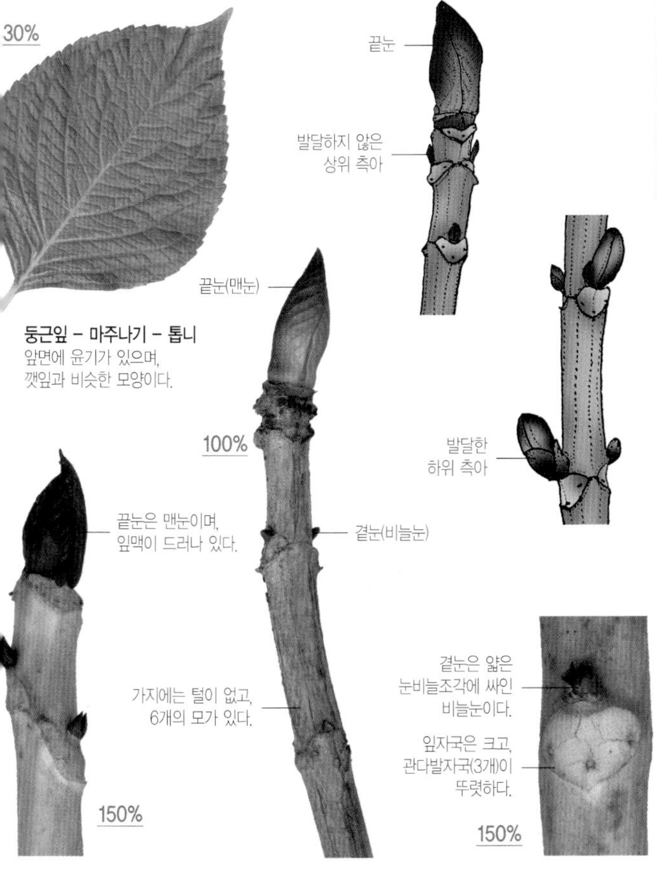

둥근잎 – 마주나기 – 톱니
앞면에 윤기가 있으며,
깻잎과 비슷한 모양이다.

❶ **겨울눈** : 끝눈은 맨눈이며, 아주 크고 달걀형이고 끝이 뾰족하다. 어린 잎이 노출되어 있다. 곁눈은 달걀형~긴 달걀형이며, 얇은 눈비늘조각에 싸여있다.
❷ **잎자국** : 크고 하트형~삼각형이다. 수국속의 관다발자국은 3개
❸ **가지** : 갈색~회갈색이며, 털이 없다. 목질화가 덜 되고, 단면은 육각형이다.
❹ **수피** : 회갈색~갈색이며, 얇은 조각으로 벗겨진다.

끝눈은 눈껍질이 떨어져 나가서 맨눈이 된다.

산수국

Hydrangea serrata 【수국과 수국속】

낙엽관목 • 수고 1m • 분포 일본, 대만 ; 강원도, 경기도 이남 지역
• 용도 조경수, 분화용

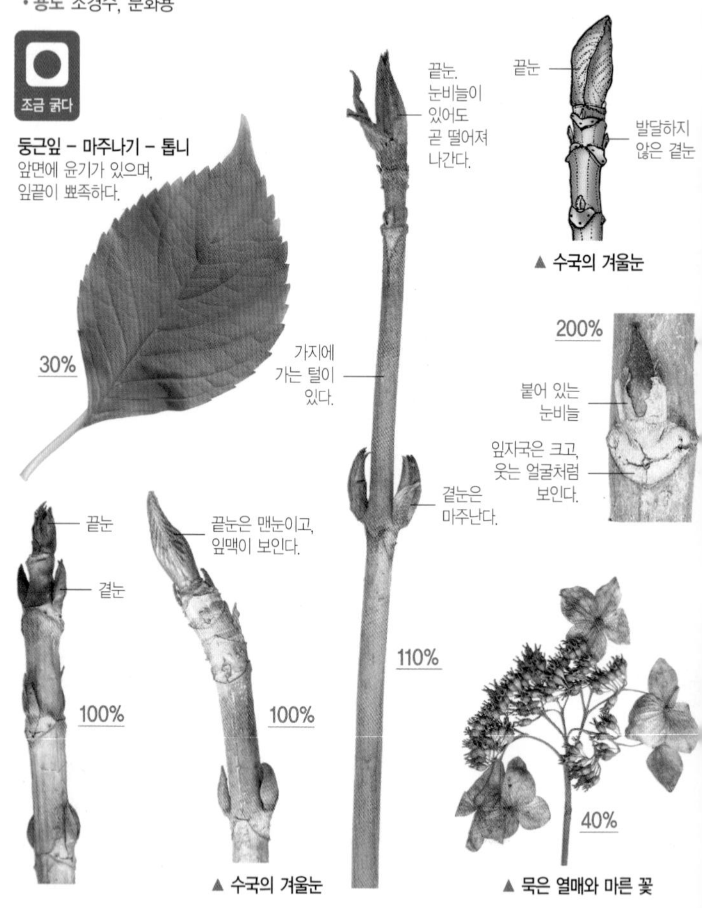

▲ 수국의 겨울눈

▲ 수국의 겨울눈

▲ 묵은 열매와 마른 꽃

❶ **겨울눈** : 끝눈은 눈비늘이 곧 떨어져 나가서 맨눈이 된다. 곁눈은 2개의 눈비늘조각에 싸여 있으며, 마주난다.

❷ **잎자국** : 삼각형 또는 하트형이며, 관다발자국은 3개

❸ **가지** : 황갈색이며, 잔 털이 있다. 마른 장식꽃이 겨울에도 달려있다.

❹ **수피** : 회갈색이며, 얇게 벗겨진다.

꽃눈은 여러 개가 모여 구형을 이루며, 잎눈은 긴 타원형

분꽃나무

Viburnum carlesii 【인동과 산분꽃나무속】

낙엽관목 • 수고 2m • 분포 중국 중부, 일본 ; 전국의 해가 잘 드는 낮은 산지
• 용도 조경수, 공원수, 식용

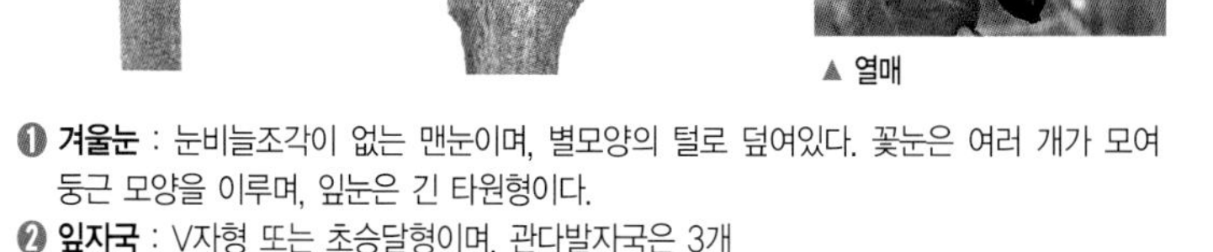

▲ 열매

❶ **겨울눈** : 눈비늘조각이 없는 맨눈이며, 별모양의 털로 덮여있다. 꽃눈은 여러 개가 모여 둥근 모양을 이루며, 잎눈은 긴 타원형이다.

❷ **잎자국** : V자형 또는 초승달형이며, 관다발자국은 3개

❸ **가지** : 어린 가지에는 별모양의 털이 빽빽하다.

❹ **수피** : 회갈색이며, 얇은 조각으로 갈라진다.

겨울눈과 가지는 흰색 털로 덮여있다.

팥꽃나무

Daphne genkwa 【팥꽃나무과 팥꽃나무속】

낙엽관목 • 수고 1m • 분포 중국, 대만 ; 전남(진도, 청산도, 완도 등), 전북의 산지
• 용도 조경수, 약용

▲ 열매

❶ **겨울눈** : 반구형이며, 흰색 털로 덮여있다.
❷ **잎자국** : 반원형~초승달형이며, 융기한다. 관다발자국은 1개
❸ **가지** : 흑갈색이며, 누운털로 덮여있다.
❹ **수피** : 적갈색~암갈색이며, 껍질눈이 흩어져있다.

끝눈이 작살 모양과 비슷하다.

작살나무 *Callicarpa japonica* 【마편초과 작살나무속】

낙엽관목 • 수고 2~3m • 분포 일본, 중국 ; 평안남도 및 강원도 이남
• 용도 조경수, 산울타리

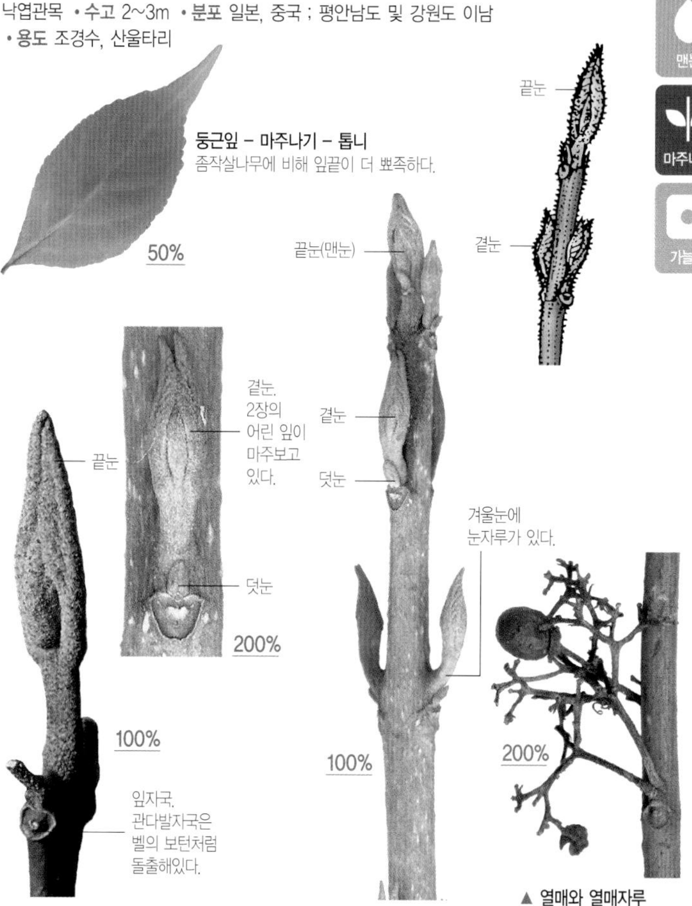

▲ 열매와 열매자루

❶ **겨울눈** : 눈비늘이 없는 맨눈이며, 가루같은 별모양의 털로 덮여있다. 긴 타원형이며, 2장의 잎이 마주보고 있다.

❷ **잎자국** : 반원형~원형이며, 융기한다. 관다발자국은 1개

❸ **가지** : 회갈색이며, 타원형의 껍질눈이 많다. 보라색 열매와 열매자루가 남아 있는 경우가 많다.

❹ **수피** : 회갈색이고, 둥근 껍질눈이 많다.

겨울눈은 잎자국 속에 숨어있어서 보이지 않는다(묻힌눈).

고광나무

Philadelphus schrenkii
【수국과 고광나무속】

낙엽관목 • 수고 2~4m • 분포 중국, 러시아 ; 함경도부터 백두대간의 숲 가장자리에 자람 • 용도 조경수

묻힌눈

50%

둥근잎 – 마주나기 – 톱니
가장자리에 드문드문 톱니가 나 있다.

120%

가지는 적갈색이고, 2년생가지는 껍질이 벗겨진다.

작은 능이 있다.

400%

겨울눈은 잎자국 속에 숨어있다.

가운데가 갈라져서 겨울눈이 보이기도 한다.

골속은 속이 차 있다.

100%

▲ 전개한 겨울눈

100%

▲ 열매

❶ **겨울눈** : 잎자국 속에 숨어있어서 보이지 않는다(은아, 隱芽). 봄에 잎자국이 갈라져서 눈이 나온다.

❷ **잎자국** : 삼각형이고, 흰색이며, 가운데가 부풀어있다. 관다발자국은 3개

❸ **가지** : 적갈색이고, 털이 조금 있으며, 껍질이 잘 벗겨진다.

❹ **수피** : 회갈색이며, 오래되면 세로로 갈라져서 얇게 벗겨진다.

Chapter
04

덩굴나무

줄기가 곧게 서지 못하고
다른 식물이나 물체를
휘감고 생장하는 나무

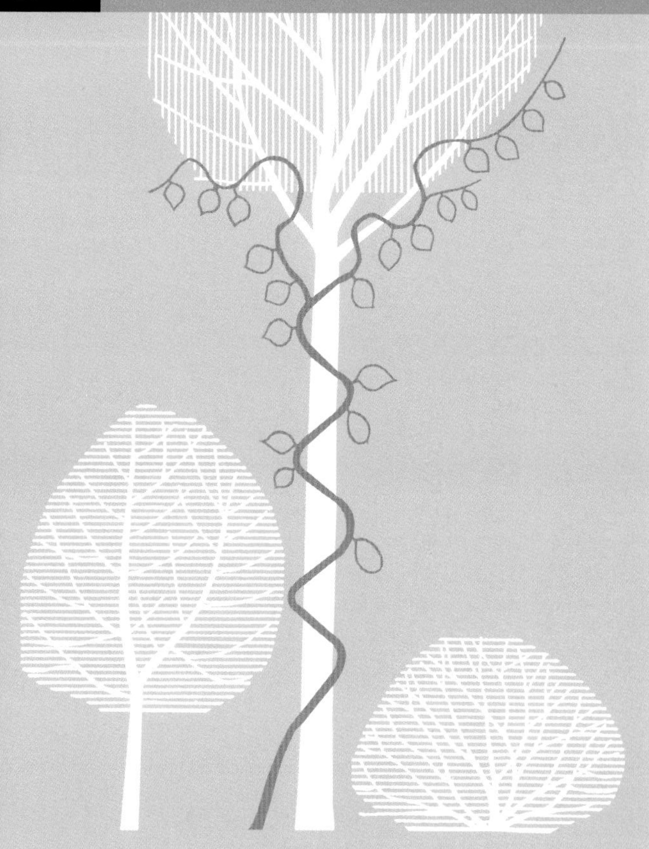

2장의 막질의 눈비늘조각에 싸여있다.

머루

Vitis coignetiae 【포도과 포도속】

낙엽덩굴나무 • 길이 10m • 분포 일본 ; 전국, 울릉도에 분포 • 용도 식용, 약용

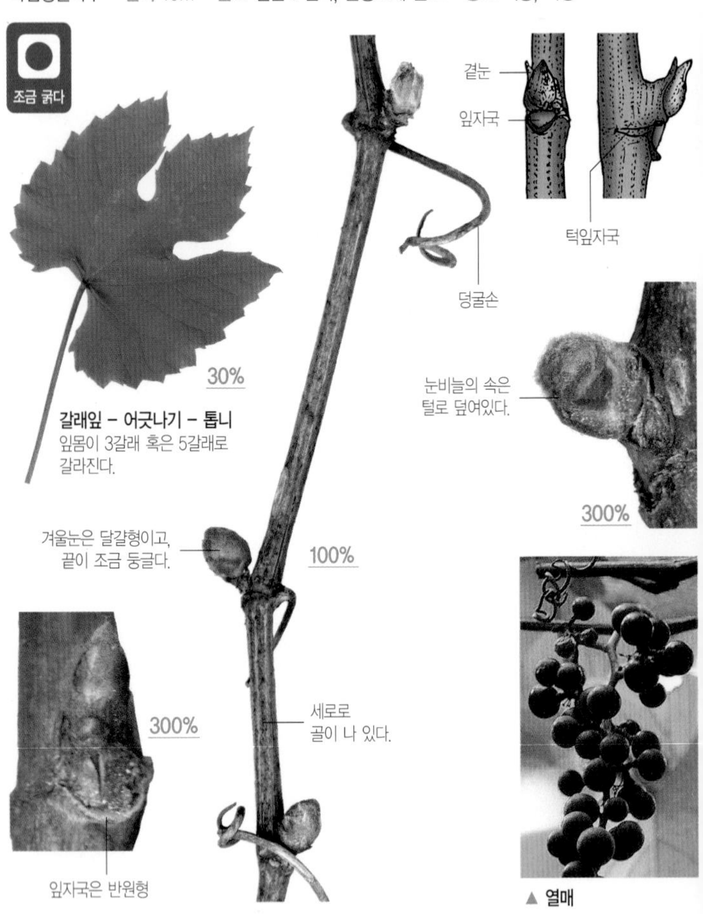

▲ 열매

❶ **겨울눈** : 달걀형이고, 끝이 조금 둥글다. 눈비늘은 막질(膜質)이며, 2장의 눈비늘조각에 싸여있다.

❷ **잎자국** : 반원형이며, 여러 개의 작은 관다발자국이 흩어져있다.

❸ **가지** : 세로로 골이 나있으며, 둥근 껍질눈이 있다.

❹ **수피** : 회갈색이며, 오래되면 세로로 갈라져서 얇은 조각으로 벗겨진다.

가장 바깥쪽의 눈비늘은 갈고리 모양이다.

노박덩굴

Celastrus orbiculatus
【노박덩굴과 노박덩굴속】

낙엽덩굴나무 • 길이 10m • 분포 중국, 러시아, 일본 ; 전국 분포
• 용도 잎은 식용, 종자는 기름, 껍질은 섬유

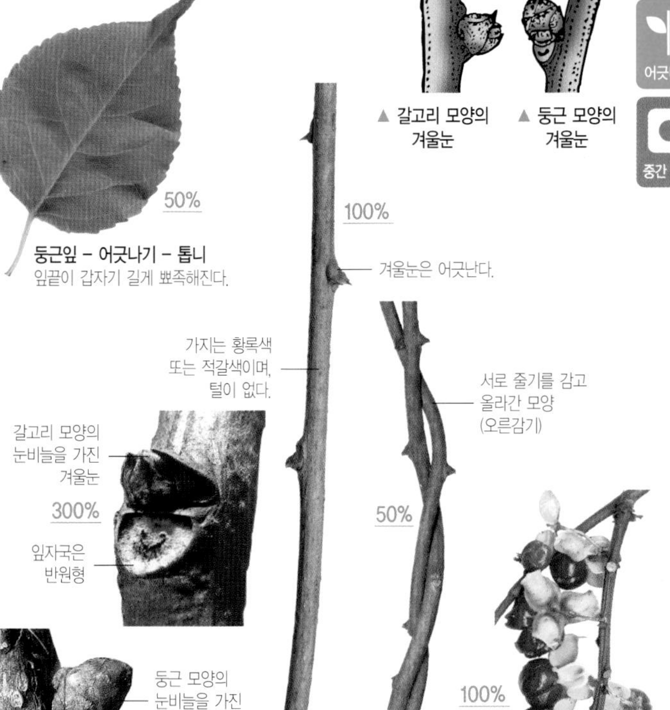

❶ **겨울눈** : 구형 또는 원추형이며, 끝이 뾰족하다. 6~10개의 눈비늘조각에 싸여있다. 가장 바깥쪽의 눈비늘은 갈고리 모양이다.

❷ **잎자국** : 삼각형 또는 반원형이며, 관다발자국은 1개

❸ **가지** : 황록색에서 점차 적갈색으로 변하며, 털은 없다. 감는 방향은 오른감기

❹ **수피** : 회색 또는 회갈색. 갈색에서 묵을수록 회색이 되며, 세로로 얕게 갈라진다.

덩굴은 오른쪽으로 감고 올라간다.

으름덩굴

Akebia quinata
【으름덩굴과 으름덩굴속】

낙엽덩굴나무 • 길이 5m
• 분포 중국, 일본 ; 황해도 이남(강원도 제외)의 산지
• 용도 관상용, 공예재, 식용, 약용

전개 중인 겨울눈 ▲

▲ 열매

❶ **겨울눈** : 갈색이며, 달걀형이고, 12~16장의 눈비늘조각에 싸여있다. 가로덧눈이 붙는다.
❷ **잎자국** : 반원형이며, 관다발자국은 7개 정도가 있다.
❸ **가지** : 덩굴이 되면 오른쪽으로 감고 올라간다(우권, 右卷). 짧은가지가 발생하기 쉽다.
❹ **수피** : 암갈색이며, 껍질눈이 흩어져 난다. 오래되면 세로로 얕게 갈라져서 비늘 모양이 된다.

겨울눈의 밑부분 양옆이 부풀어있다.

등

Wisteria floribunda 【콩과 등속】

낙엽덩굴나무 • 길이 10m • 분포 일본 ; 경남과 경북의 숲 가장자리 또는 계곡, 조경용으로 식재 • 용도 관상용, 식용, 약용, 생활용품재

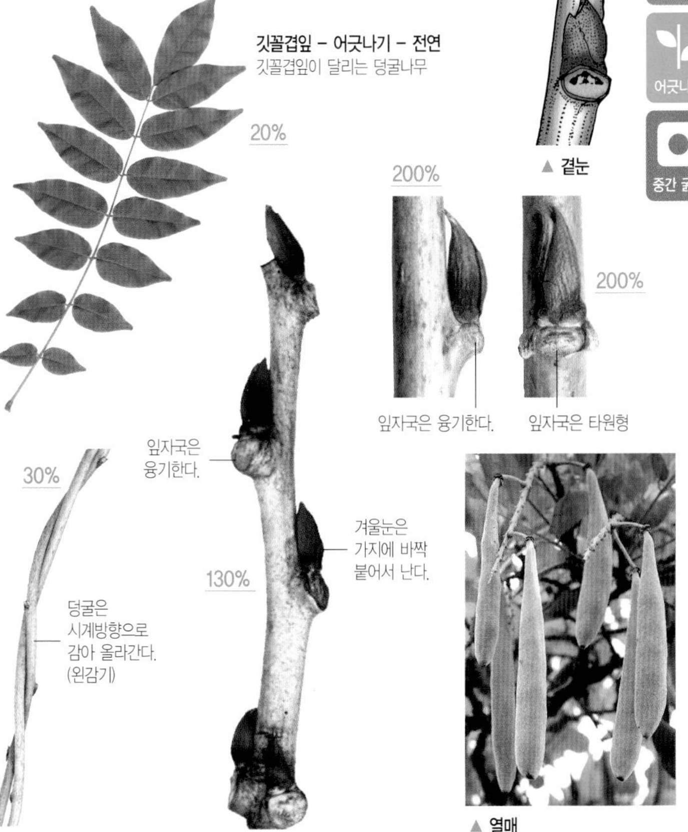

① **겨울눈** : 물방울형이며, 끝이 뾰족하다. 2~3장의 눈비늘조각에 싸여있다. 겨울눈의 밑부분 양옆이 부풀어있다. 꽃눈과 잎눈의 모양이 비슷하다.

② **잎자국** : 반원형 또는 타원형이고, 관다발자국은 3개

③ **가지** : 덩굴로 다른 물체를 감고 올라간다. 감는 방향은 시계방향(좌권, 左卷). 어린 나무에서는 직립하는 가지도 보인다.

④ **수피** : 회갈색이며, 둥근 껍질눈이 많다.

겨울눈은 작고 원추형이며, 3~5장의 눈비늘조각에 싸여있다.

담쟁이덩굴

Parthenocissus tricuspidata
【포도과 담쟁이덩굴속】

낙엽덩굴나무 • 길이 10m • 분포 중국, 대만, 일본 ; 전국적으로 분포
• 용도 조경용, 분재, 사면 녹화

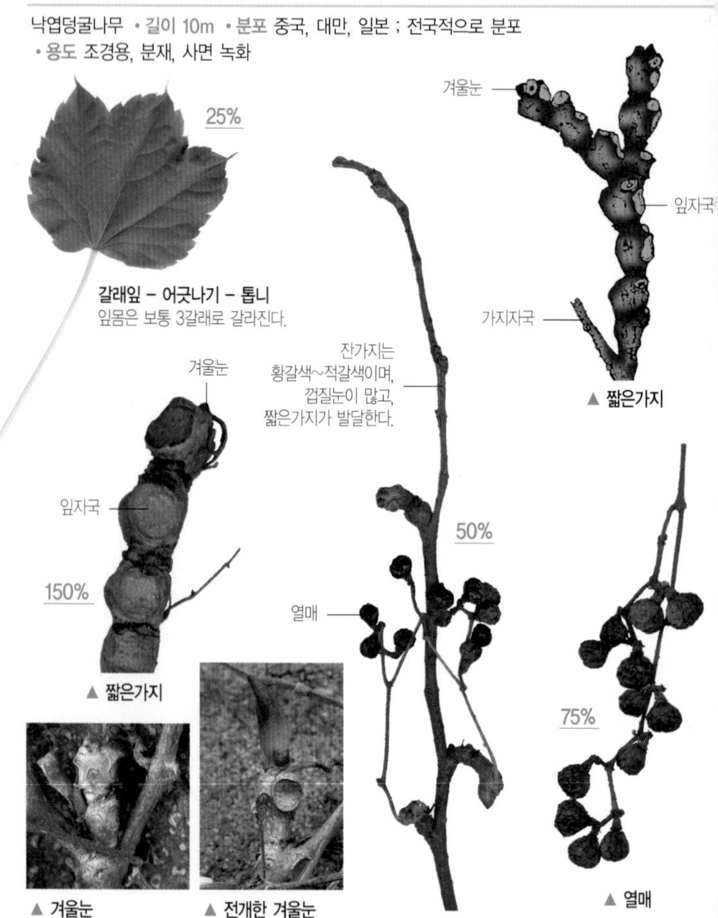

▲ 짧은가지

▲ 겨울눈

▲ 전개한 겨울눈

▲ 짧은가지

▲ 열매

❶ **겨울눈** : 원추형이고 작다. 3~5장의 갈색 눈비늘조각에 싸여있다.
❷ **잎자국** : 거의 둥근형이고, 조금 융기해 있다. 관다발자국은 수 개에서 십수 개이며, 고리처럼 동그랗게 배열되어있다.
❸ **가지** : 가지는 가늘고 자갈색~짙은 갈색을 띠며, 표피가 마름모꼴로 찢겨져서 벌어진다. 짧은가지(短枝)가 많이 발생하며, 공기뿌리(氣根)가 나 있다.
❹ **수피** : 흑갈색이며, 불규칙하게 갈라진다.

잎자국은 동물의 얼굴처럼 보이며, 관다발자국은 3개

칡

Pueraria lobata 【콩과 칡속】

중간 굵기

낙엽덩굴나무 • 길이 10~20m • 분포 말레이시아, 인도, 중국, 일본, 극동러시아
• 용도 사방용, 소도구, 식용(잎), 약용(뿌리)

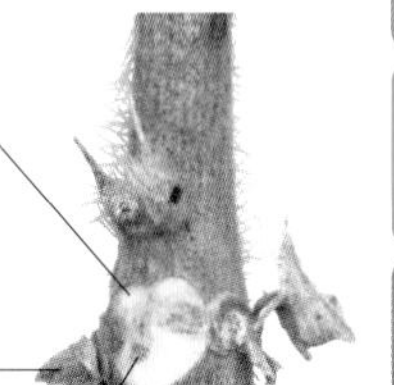

20%

손꼴겹잎 – 어긋나기 – 전연
3장의 작은잎을 가진 세겹잎

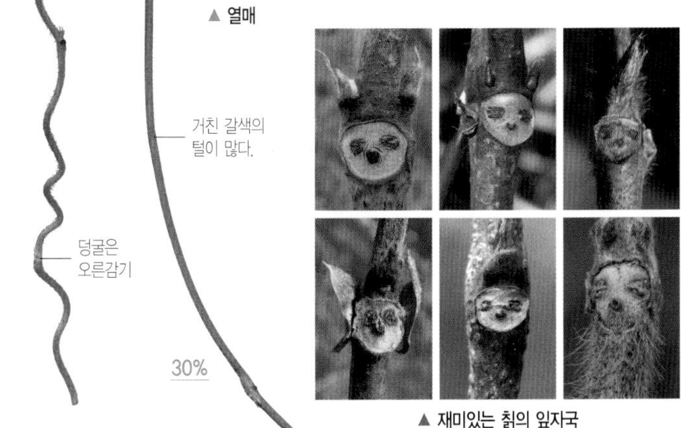

▲ 열매

▲ 재미있는 칡의 잎자국

❶ **겨울눈** : 물방울형~긴 달걀형이고 털이 있으며, 가로덧눈이 달리기도 한다. 2~3장의 눈비늘조각에 싸여있다.
❷ **잎자국** : 원형~타원형이며, 동물의 얼굴처럼 보이기도 한다. 관다발자국은 3개
❸ **가지** : 물체를 오른쪽으로 감고 올라가는 오른감기(右券)이며, 겨울에는 끝부분이 말라 죽는다. 갈색 털이 밀생한다.
❹ **수피** : 갈색 또는 흑갈색이고 가로로 긴 껍질눈이 많다.

겨울에 가지 끝은 말라 죽고, 덩굴손은 단단해진다.

포도

Vitis vinifera 【포도과 포도속】

낙엽덩굴나무 • 길이 3m • 분포 아시아 서부가 원산지 ; 중남부 지방에서 식재 • 용도 식용, 약용

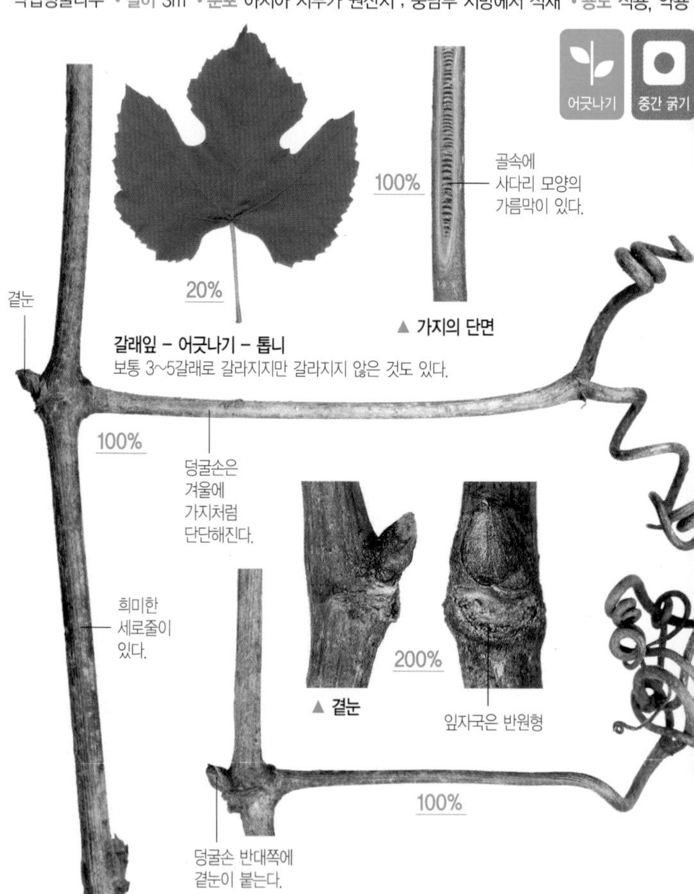

➊ **겨울눈** : 달걀형이며, 2장의 눈비늘조각에 싸여있다.
➋ **잎자국** : 반원형이며, 작은 관다발자국이 많다.
➌ **가지** : 잎과 마주나는 덩굴손으로 다른 물체에 붙어 올라간다. 겨울에는 가지 끝이 말라 죽고, 덩굴손은 단단해진다.
➍ **수피** : 적갈색이며, 세로로 길게 갈라져서 벗겨진다.

관다발자국은 둥글게 배열한다.

능소화

Campsis grandifolia 【능소화과 능소화속】

낙엽덩굴나무 • 길이 10m

• 분포 중국(중북부)이 원산지 ; 전국의 공원 및 주택 정원에 식재 • 용도 정원수, 약용

▲ 열매

❶ **겨울눈** : 달걀형이며, 작다.

❷ **잎자국** : 반원형~원형이고, 관다발자국은 둥글게 배열한다.

❸ **가지** : 갈색 또는 회갈색이고, 털이 없다. 자잘한 껍질눈이 도드라진다. 겨울에 가지의 끝부분은 대부분 말라 죽는다.

❹ **수피** : 회갈색이며, 세로로 불규칙하게 갈라진다.

겨울눈은 잎자국 속에 숨어있어서 보이지 않는다(묻힌눈).

다래

Actinidia arguta 【다래나무과 다래나무속】

낙엽덩굴나무 • 길이 20m • 분포 중국, 대만, 일본 ; 함경남북도에서 부터 지리산까지 백두대간을 중심으로 분포 • 용도 열매 식용, 약용

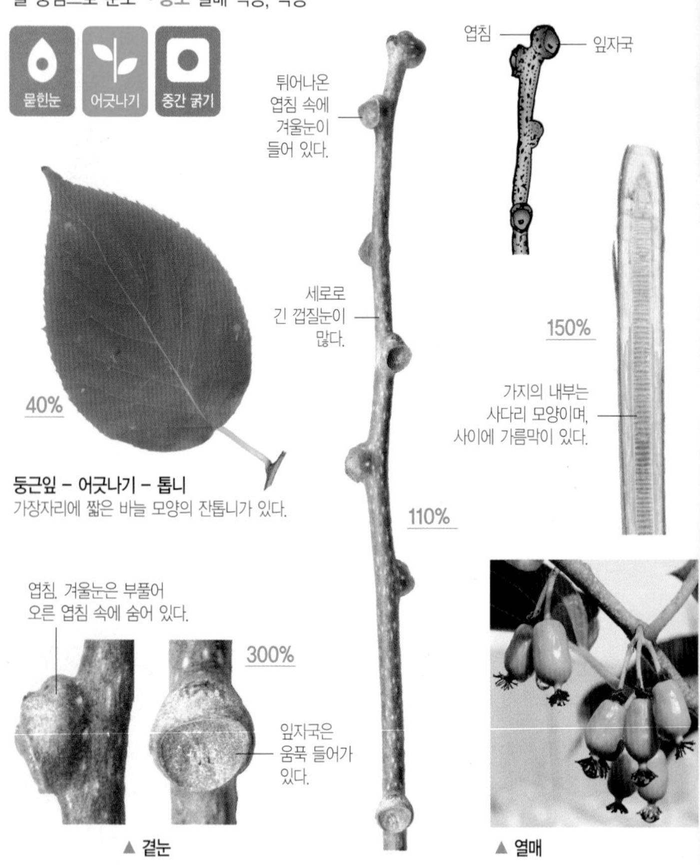

둥근잎 – 어긋나기 – 톱니
가장자리에 짧은 바늘 모양의 잔톱니가 있다.

▲ 곁눈

▲ 열매

❶ **겨울눈** : 겨울눈은 잎자국 윗부분의 부풀어 오른 부분(엽침, 葉枕) 속에 숨어있어서 보이지 않는 묻힌눈(은아, 隱芽)이다.

❷ **잎자국** : 원형이며, 오목거울처럼 움푹 들어가 있다. 관다발자국은 1개

❸ **가지** : 덩굴은 오른쪽으로 감고 올라간다. 처음에는 갈색의 부드러운 털이 밀생하지만 나중에 없어진다. 줄기의 골속에 가름막(격벽, 隔壁)이 있다.

❹ **수피** : 회갈색이며, 노목은 얇게 갈라져서 벗겨진다.

Appendix 용어설명 | 찾아보기

용 | 어 | 설 | 명

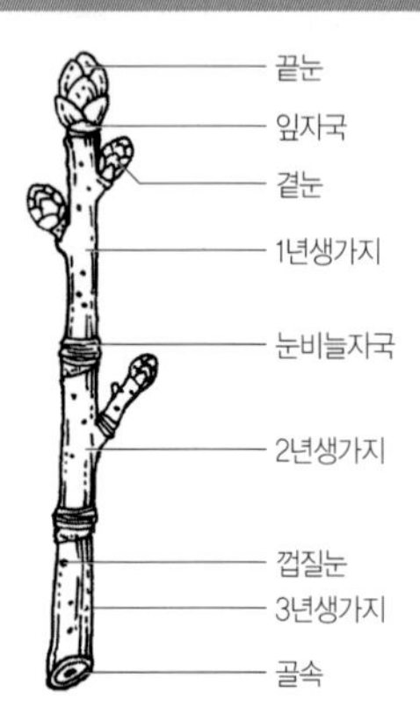

■ 가지, 가지자국

- 원줄기에서 파생하여 자라는 부분. 지(枝, branch).
- 가지 끝에 남아 있는 가지의 자국. 가지자국이 있는 경우 끝눈은 생기지 않는다. 지흔(枝痕, twig-scar).

■ 가짜끝눈

- 가지자국이 남아 있는 경우, 끝눈의 역할을 하는 가지 맨끝의 곁눈. 가정아(假頂芽, pseudo-terminal bud).

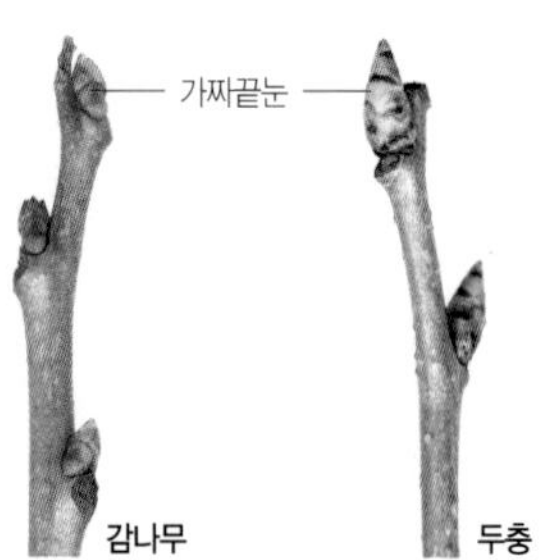

감나무 두충

■ 겨울눈

- 봄에 꽃이나 잎을 피우기 위해 겨울동안 휴면상태에 있는 눈. 동아(冬芽, winter bud).

중국굴피나무 산벚나무

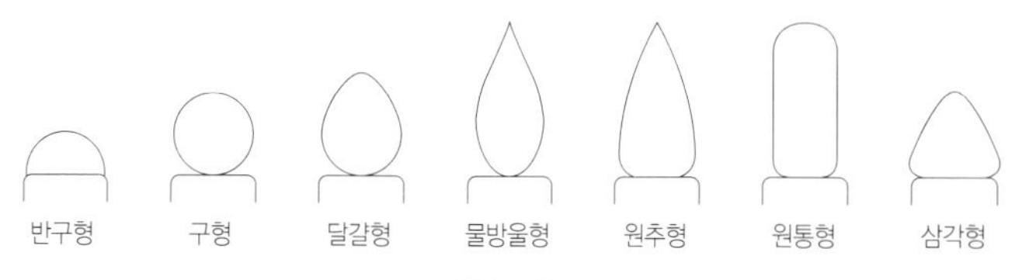

겨울눈의 형태

■ 골속, 가름막

• 가지나 줄기의 중심부에 있는 연한 심을 말하며 골속이 차 있는 것, 비어 있는 것, 사다리 모양의 가로막이 있는 것 등이 있다. 수(髓, pith).

• 가지의 골속에 있는 사다리 모양의 벽. 격벽(隔壁).

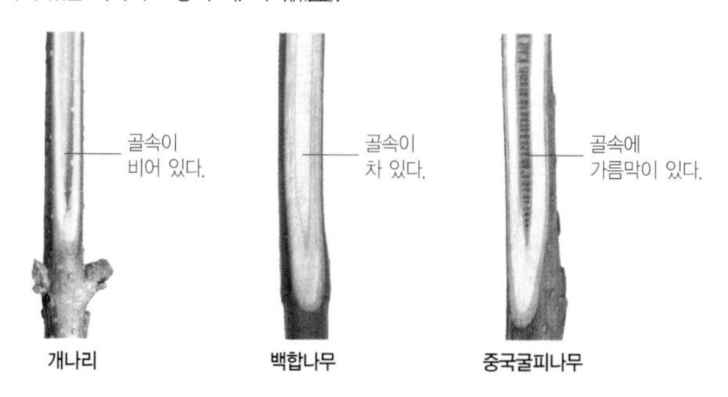

개나리 백합나무 중국굴피나무

■ 관다발, 관다발자국

• 식물의 줄기, 잎, 뿌리에 있는 다발 모양의 조직 중에서 주로 물의 통로가 되는 물관부와 주로 광합성 산물의 통로가 되는 체관부로 이루어져있다. 유관속(維管束, vascular bundle).

• 잎자국에 관다발이 잘려 나간 흔적. 유관속흔(維管束痕, bundle-scar).

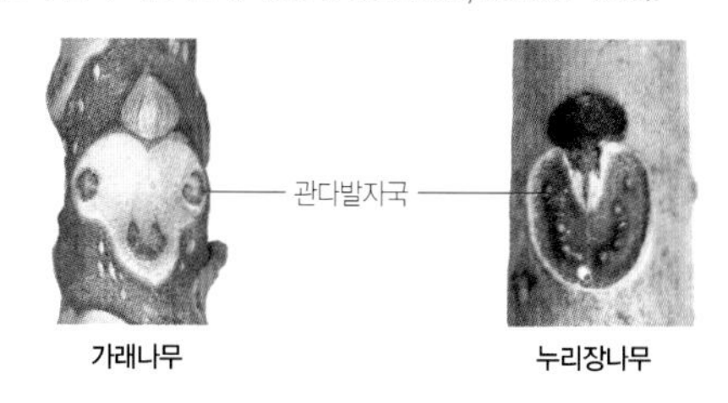

가래나무 누리장나무

■ 긴가지, 짧은가지

• 마디 사이가 긴 통상의 가지. 장지(長枝, long shoot).

• 1년 동안 자란 길이가 매우 짧아 마디 사이가 촘촘하게 보이는 가지. 단지(短枝, dwaft shoot).

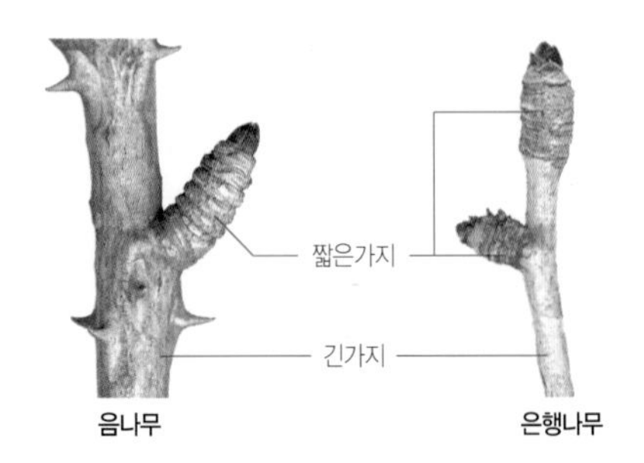

음나무 은행나무

■ 껍질눈

• 나무껍질의 표면에 호흡을 위해 만들어진 점 또는 선 모양의 조직. 피목(皮目, lenticel).

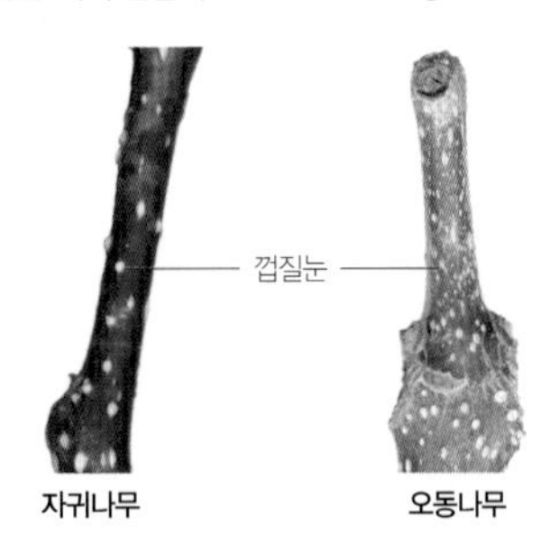

자귀나무 오동나무

■ 꽃눈, 잎눈

• 전개하여 꽃 또는 꽃차례가 되는 겨울눈. 꽃눈과 잎눈을 함께 가진 섞임눈도 꽃눈이라 부르기도 한다. 화아(花芽, flower bud).

• 전개하여 잎이 되는 눈. 엽아(葉芽, leaf bud).

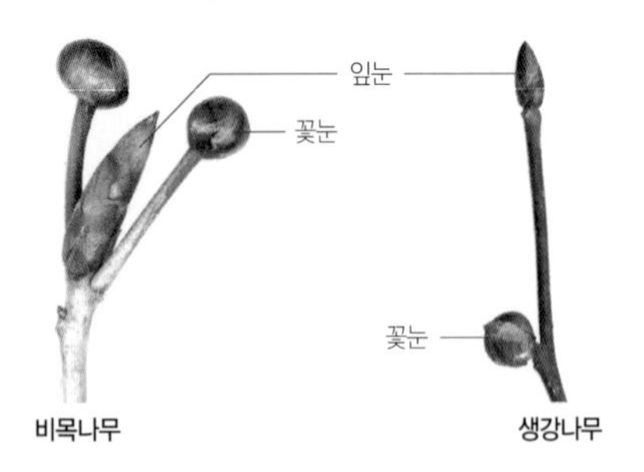

비목나무 생강나무

■ 끝눈, 곁눈

• 가지의 선단에 있으며, 전개한 후에는 가지가 되거나 꽃을 피운다. 정아(頂芽, terminal bud).

• 가지의 중간에 붙은 끝눈이 아닌 눈. 측아(側芽, lateral bud).

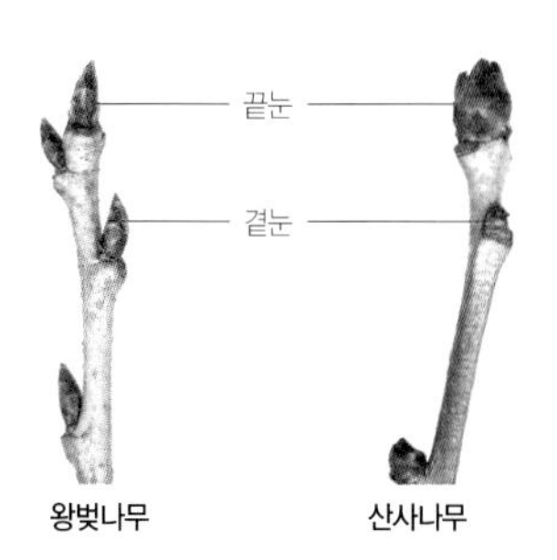

왕벚나무　　산사나무

■ 눈

• 아직 전개되지 않은 슈트(shoot)를 눈이라 하며 전개하면 줄기, 잎, 꽃이 된다. 아(芽, bud).

■ 눈비늘조각

• 겨울눈을 보호하는 비늘 모양의 껍질로 잎몸, 턱잎, 잎자루 등이 변화한 것. 아린(芽鱗, bud-scales).

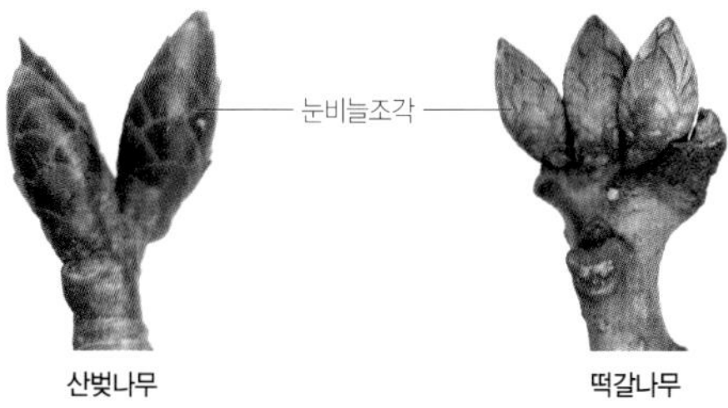

산벚나무　　떡갈나무

■ 눈자루

• 겨울눈의 밑부분이 굵어져서 자루처럼 된 부분. 아병(芽柄).

풍년화　　비목나무

■ 덧눈, 가로덧눈, 세로덧눈

• 정상적인 곁눈의 상하 혹은 좌우에 생기는 눈으로 곁눈에 이상이 생기면 역할을 대신한다. 부아(副芽, accessory bud).
• 정상적인 곁눈의 왼쪽이나 오른쪽 혹은 양쪽에 달리는 덧눈. 평행아(平行芽, collateral bud).
• 정상적인 곁눈의 위나 아래에 달리는 덧눈. 측상아(側上芽, superposed bud).

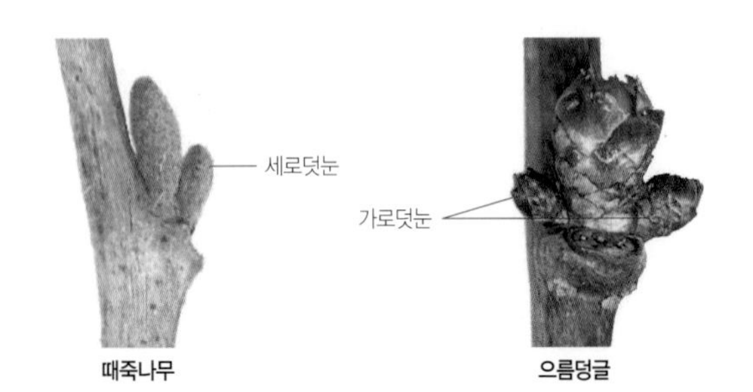

때죽나무 으름덩굴

■ 덩굴손

• 다른 물체에 감겨 붙어서 자신의 몸을 유지하고 안정시키도록 줄기나 잎의 끝이 덩굴로 모양이 바뀐 부분. 권수(卷鬚, tendril).

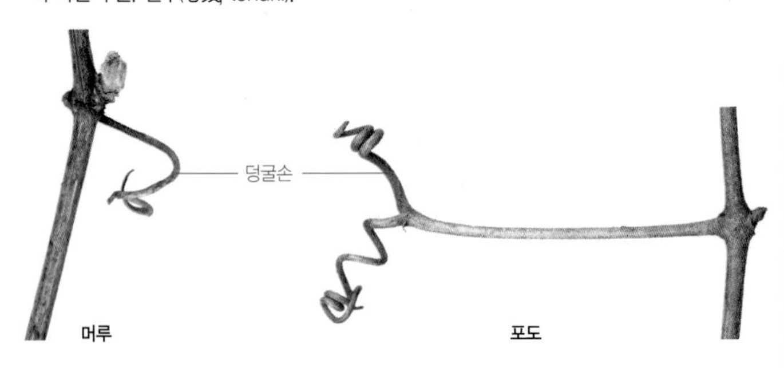

머루 포도

■ 묻힌눈, 반묻힌눈

• 잎자국이나 그 부근의 가지 속에 숨어서 외부로부터 잘 보이지 않는 겨울눈. 은아(隱芽, concealed bud).

• 회화나무의 눈처럼 반만 묻혀 있는 눈. 반은아(半隱芽, semi-concealed bud).

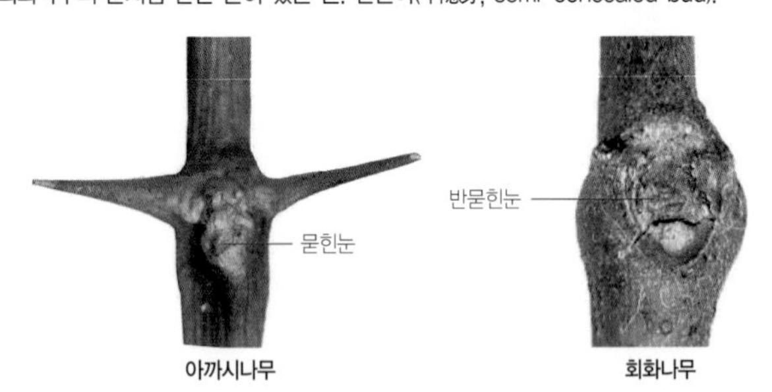

아까시나무 회화나무

■ 비늘눈, 맨눈

• 눈비늘조각으로 덮인 겨울눈. 인아(鱗芽, scaled bud).

• 눈비늘조각이 없는 눈. 보통 털로 덮여있다. 나아(裸芽, naked bud).

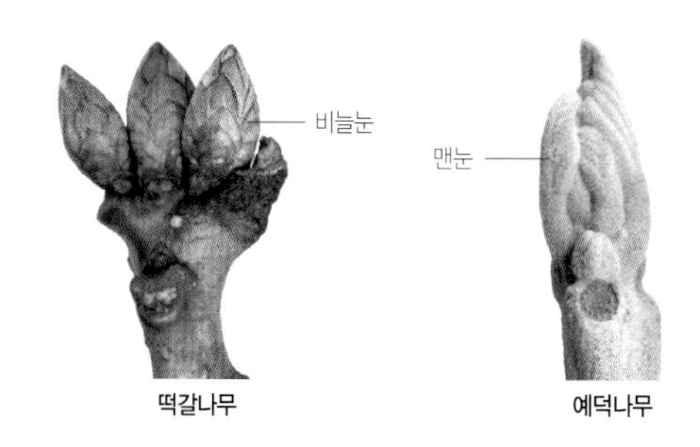

떡갈나무　　예덕나무

■ 섞임눈

• 전개하여 꽃과 잎이 되는 겨울눈. 혼아(混芽, mixed bud).

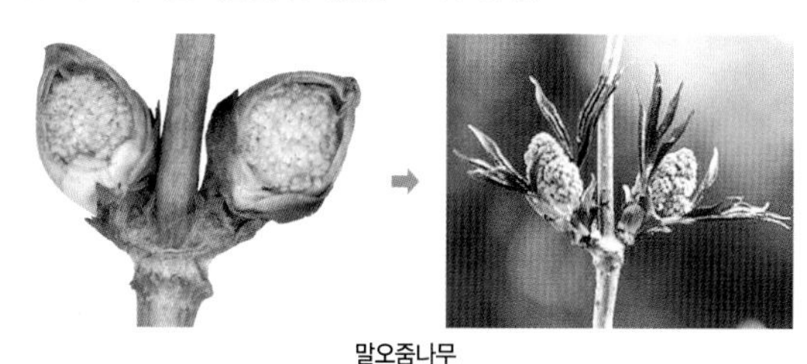

말오줌나무

■ 숨은눈

• 묻힌눈과는 달리 겨울눈이 봄이 되어도 전개하지 않고, 나무의 목부 내에 묻혀 있는 눈을 말한다. 잠복아(潛伏芽, latent bud).

■ 어긋나기, 마주나기

• 겨울눈이 가지의 좌우에 어긋나게 붙은 것. 호생(互生, alternate).
• 겨울눈이 가지의 양쪽에 마주 붙은 것. 대생(對生, opposite).

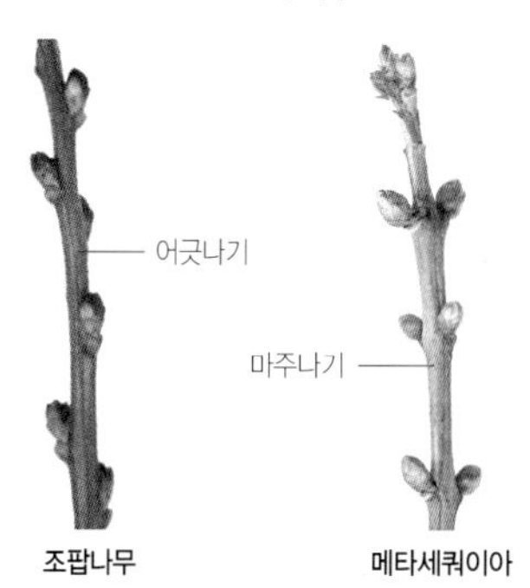

조팝나무　　메타세쿼이아

■ 엽병내아

• 겨울눈이 잎자루의 밑부분에 싸여 있어서 잎이 떨어질 때까지 보이지 않는 것. 엽병내아(葉柄內芽, intrapetiolar bud).

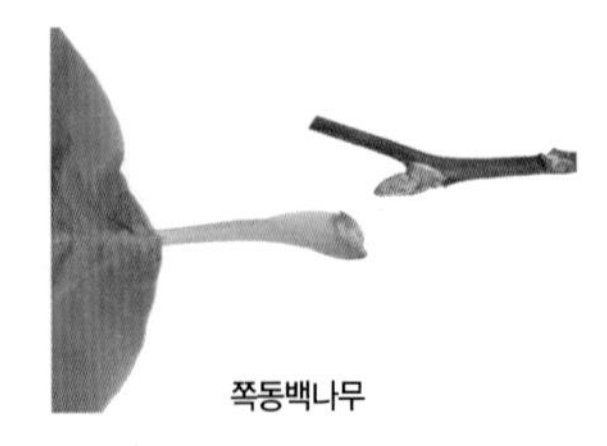
쪽동백나무

■ 엽침

• 잎자루 밑부분에 관절처럼 부푼 부분. 엽침(葉枕, pulvinus).

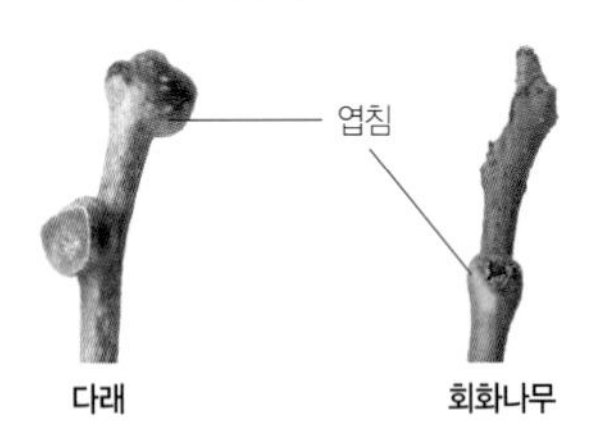

다래 회화나무

■ 왼감기, 오른감기

• 위에서 봐서 시계방향으로 타래처럼 감고 올라가는 것을 왼감기라 한다. 좌권(左卷, sinistral).

• 위에서 봐서 반시계방향으로 감고 올라가는 것을 오른감기라 한다. 우권(右卷, dextral).

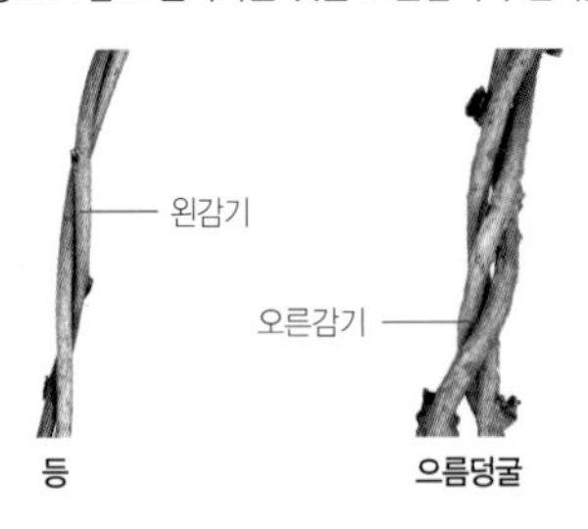

등 으름덩굴

■ 잎자국, 관다발자국

• 낙엽이 질 때 잎자루가 떨어져 나간 자국. 엽흔(葉痕, leaf-scar).

• 잎자국에는 관다발이 잘려 나간 자리가 남아있는데, 이것을 관다발자국이라 한다. 유관속흔(維管束痕, leaf gap).

잎자국
관다발자국
가래나무

잎자국의 형태

졸참나무

■ 정생측아

• 끝눈 주위에 모여서 붙는 곁눈.
정생측아(頂生側芽, terminally lateral bud).

■ 주눈

• 덧눈에 대비되는 용어로 정상적으로 생긴 곁눈을 말한다. 주아(主芽, proper bud).

■ 턱잎, 턱잎자국

• 잎자루의 밑부분에 붙는 작은 잎조각. 탁엽(托葉, stipule).
• 턱잎이 떨어진 자국. 탁엽흔(托葉痕, stipule-scars).

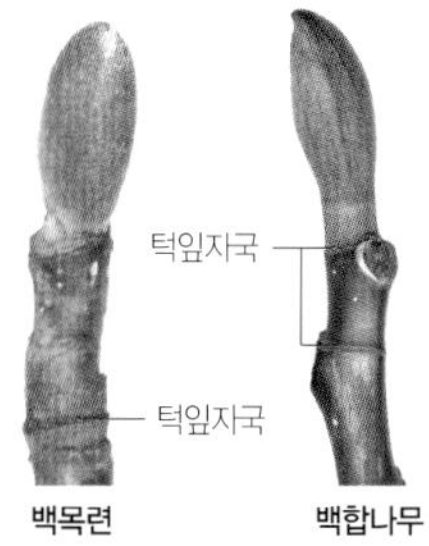

백목련 백합나무

■ 털

• 별모양털(성상모, 星狀毛), 비늘털(인모, 鱗毛), 비단털(견모, 絹毛), 샘털(선모, 腺毛), 누운털(복모, 伏毛) 등 여러 종류가 있다. 모용(毛茸, trichome).

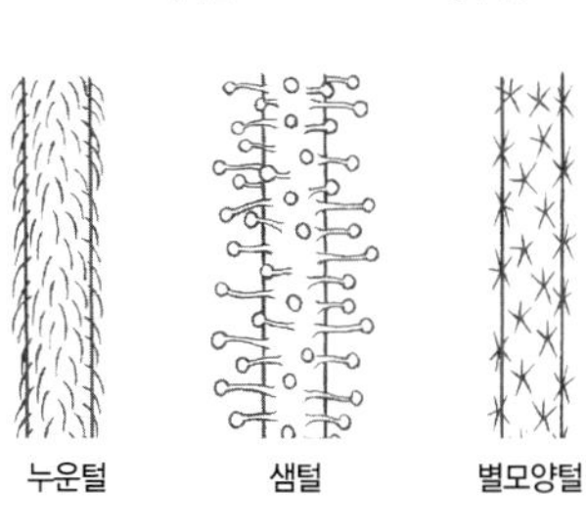
누운털 샘털 별모양털

나무이름 찾아보기

【ㄱ】

가래나무 93
가막살나무 172
가죽나무 16
갈매나무 178
갈참나무 31
감나무 39
감태나무 137
개나리 169
개암나무 155
개오동 78
개옻나무 124
갯버들 141
계수나무 86
고광나무 198
고로쇠나무 84
고욤나무 60
고추나무 176
골담초 164
괴불나무 177
구기자나무 151
국수나무 157
굴참나무 32
굴피나무 20
귀룽나무 48
꽃사과 108
꽃산딸나무 123
꾸지뽕나무 113

【ㄴ】

나무수국 165
낙상홍 152
낙우송 64
납매 168
너도밤나무 75
노각나무 74
노린재나무 153
노박덩굴 201
누리장나무 129
느릅나무 40
느티나무 66
능소화 207

【ㄷ】

다래 208
단풍나무 88
담쟁이덩굴 204
당단풍나무 89
대추나무 125
덜꿩나무 186
두릅나무 132
두충 43
등 203
딱총나무 166
때죽나무 128
떡갈나무 33
뜰보리수 187

【ㄹ】

라일락 170

【ㅁ】

마가목 29
말발도리 171
말오줌나무 167
말채나무 97
망개나무 36
매실나무 116
매자나무 154
머루 200
멀구슬나무 17
메타세쿼이아 87
명자나무 158
모감주나무 103
모과나무 49
모란 134
목련 44
무궁화 188
무화과나무 133
무환자나무 23
물박달나무 76
물오리나무 38
물푸레나무 81
미선나무 181

【ㅂ】

박쥐나무 140
박태기나무 148
밤나무 46
배나무 106
배롱나무 120
백당나무 173
백목련 21
백합나무 22
버드나무 70
벽오동 19
별목련 45
병꽃나무 174
병아리꽃나무 175
보리수나무 192
복사나무 109
복자기 83
분꽃나무 195
붉나무 104
비목나무 65
빈도리 185
뽕나무 47

【ㅅ】

사과나무 35
사람주나무 107
산검양옻나무 91
산딸기 149
산딸나무 85

산벚나무 50
산사나무 30
산수국 194
산수유 122
산초나무 150
살구나무 110
삼지닥나무 190
상수리나무 54
생강나무 138
서어나무 72
석류나무 121
소사나무 115
소태나무 94
수국 193
수양버들 63
쉬나무 130
쉬땅나무 142
시무나무 41
신갈나무 34
신나무 119
싸리 156

【ㅇ】

아그배나무 114
아까시나무 98
안개나무 105
앵도나무 159
야광나무 111
양버들 24
양버즘나무 25
영춘화 182
예덕나무 96
오갈피나무 139
오동나무 77
옻나무 92
왕버들 71
왕벚나무 51
윤노리나무 117
으름덩굴 202
은사시나무 61
은행나무 27
음나무 15
이나무 28
이태리포플러 62
이팝나무 82
일본목련 18

【ㅈ】

자귀나무 99
자두나무 112
자작나무 73
작살나무 197
장미 143
조각자나무 57
조구나무 42
조팝나무 160
족제비싸리 136
졸참나무 55
좀목형 180
주엽나무 58
중국굴피나무 95
중국단풍 90
쥐똥나무 183
진달래 147
쪽동백나무 126
찔레꽃 161

【ㅊ】

참느릅나무 67
참빗살나무 118
참죽나무 26
철쭉 163
초피나무 191
층층나무 56
칠엽수 79
칡 205

【ㅋ】

콩배나무 144
키버들 184

【ㅌ】

탱자나무 135

【ㅍ】

팥꽃나무 196
팥배나무 52
팽나무 68
포도 206
푸조나무 69
풍나무 53
풍년화 127
피나무 59

【ㅎ】

함박꽃나무 102
해당화 145
헛개나무 37
호두나무 14
화살나무 179
황매화 162
황벽나무 80
회화나무 100
흰말채나무 189
히어리 146

학명 찾아보기

【A】

Abeliophyllum distichum(미선나무) 181
Acer buergerianum(중국단풍) 90
Acer palmatum(단풍나무) 88
Acer pictum(고로쇠나무) 84
Acer pseudosieboldianum(당단풍나무) 89
Acer tataricum subsp. *ginnala*(신나무) 119
Acer triflorum(복자기) 83
Actinidia arguta(다래) 208
Aesculus turbinata(칠엽수) 79
Ailanthus altissima(가죽나무) 16
Akebia quinata(으름덩굴) 202
Alangium platanifolium(박쥐나무) 140
Albizia julibrissin(자귀나무) 99
Alnus hirsuta(물오리나무) 38
Amorpha fruticosa(족제비싸리) 136
Aphananthe aspera(푸조나무) 69
Aralia elata(두릅나무) 132

【B】

Berberis koreana(매자나무) 154
Berchemia berchemiaefolia(망개나무) 36
Betula davurica(물박달나무) 76
Betula platyphylla(자작나무) 73

【C】

Callicarpa japonica(작살나무) 197
Campsis grandifolia(능소화) 207
Caragana sinica(골담초) 164
Carpinus laxiflora(서어나무) 72
Carpinus turczaninovii(소사나무) 115
Castanea crenata(밤나무) 46
Catalpa ovata(개오동) 78
Cedrela sinensis(참죽나무) 26
Celastrus orbiculatus(노박덩굴) 201
Celtis sinensis(팽나무) 68
Cercidiphyllum japonicum(계수나무) 86
Cercis chinensis(박태기나무) 148
Chaenomeles sinensis(모과나무) 49
Chaenomeles speciosa(명자나무) 158
Chimonanthus praecox(납매) 168
Chionanthus retusus(이팝나무) 82
Clerodendrum trichotomum
(누리장나무) 129
Cornus alba(흰말채나무) 189
Cornus controversa(층층나무) 56
Cornus florida(꽃산딸나무) 123
Cornus kousa(산딸나무) 85
Cornus officinalis(산수유) 122
Cornus walteri(말채나무) 97
Corylopsis coreana(히어리) 146
Corylus heterophylla(개암나무) 155
Cotinus coggygria(안개나무) 105
Crataegus pinnatifida(산사나무) 30
Cudrania tricuspidata(꾸지뽕나무) 113

【D】

Daphne genkwa(팥꽃나무) 196
Deutzia crenata(빈도리) 185
Deutzia parviflora(말발도리) 171
Diospyros kaki(감나무) 39
Diospyros lotus(고욤나무) 60

【E】

Edgeworthia chrysantha(삼지닥나무) 190
Elaeagnus multiflora(뜰보리수) 187
Elaeagnus umbellata(보리수나무) 192
Eleutherococcus sessiliflorus(오갈피나무) 139
Eucommia ulmoides(두충) 43
Euonymus alatus(화살나무) 179
Euonymus hamiltonianus(참빗살나무) 118

【F】

Fagus engleriana(너도밤나무) 75
Ficus carica(무화과나무) 133
Firmiana simplex(벽오동) 19
Forsythia koreana(개나리) 169
Fraxinus rhynchophylla(물푸레나무) 81

【G】
Ginkgo biloba(은행나무) 27
Gleditsia japonica(주엽나무) 58
Gleditsia sinensis(조각자나무) 57

【H】
Hamamelis japonica(풍년화) 127
Hemiptelea davidii(시무나무) 41
Hibiscus syriacus(무궁화) 188
Hovenia dulcis(헛개나무) 37
Hydrangea macrophylla(수국) 193
Hydrangea paniculata(나무수국) 165
Hydrangea serrata(산수국) 194

【I】
Idesia polycarpa(이나무) 28
Ilex serrata(낙상홍) 152

【J】
Jasminum nudiflorum(영춘화) 182
Juglans mandshurica(가래나무) 93
Juglans regia(호두나무) 14

【K】
Kalopanax septemlobus(음나무) 15
Kerria japonica(황매화) 162
Koelreuteria paniculata(모감주나무) 103

【L】
Lagerstroemia indica(배롱나무) 120
Lespedeza bicolor(싸리) 156
Ligustrum obtusifolium(쥐똥나무) 183
Lindera erythrocarpa(비목나무) 65
Lindera glauca(감태나무) 137
Lindera obtusiloba(생강나무) 138
Liquidambar formosana(풍나무) 53
Liriodendron tulipifera(백합나무) 22
Lonicera maackii(괴불나무) 177
Lycium chinense(구기자나무) 151

【M】
Magnolia denudata(백목련) 21
Magnolia kobus(목련) 44
Magnolia obovata(일본목련) 18
Magnolia sieboldii(함박꽃나무) 102
Magnolia stellata(별목련) 45
Mallotus japonicus(예덕나무) 96
Malus baccata(야광나무) 111
Malus prunifolia(꽃사과) 108
Malus pumila(사과나무) 35
Malus sieboldii(아그배나무) 114
Melia azedarach(멀구슬나무) 17
Metasequoia glyptostroboides
(메타세쿼이아) 87
Morus alba(뽕나무) 47

【P】
Paeonia suffruticosa(모란) 134
Parthenocissus tricuspidata(담쟁이덩굴) 204
Paulownia tomentosa(오동나무) 77
Phellodendron amurense(황벽나무) 80
Philadelphus schrenkii(고광나무) 198
Picrasma quassioides(소태나무) 94
Platanus occidentalis(양버즘나무) 25
Platycarya strobilacea(굴피나무) 20
Poncirus trifoliata(탱자나무) 135
Populus euramericana(이태리포플러) 62
Populus nigra(양버들) 24
Populus tomentiglandulosa(은사시나무) 61
Pourthiaea villosa(윤노리나무) 117
Prunus armeniaca(살구나무) 110
Prunus mume(매실나무) 116
Prunus padus(귀룽나무) 48
Prunus persica(복사나무) 109
Prunus salicina(자두나무) 112
Prunus sargentii(산벚나무) 50
Prunus tomentosa(앵도나무) 159
Prunus yedoensis(왕벚나무) 51
Pterocarya stenoptera(중국굴피나무) 95
Pueraria lobata(칡) 205
Punica granatum(석류나무) 121
Pyrus calleryana var. fauriei(콩배나무) 144
Pyrus var. *culta*(배나무) 106

【Q】
Quercus acutissima(상수리나무) 54
Quercus aliena(갈참나무) 31

Quercus dentata(떡갈나무) 33
Quercus mongolica(신갈나무) 34
Quercus serrata(졸참나무) 55
Quercus variabilis(굴참나무) 32

【R】
Rhamnus davurica(갈매나무) 178
Rhododendron mucronulatum(진달래) 147
Rhododendron schlippenbachii(철쭉) 163
Rhodotypos scandens(병아리꽃나무) 175
Rhus javanica(붉나무) 104
Rhus trichocarpa(개옻나무) 124
Rhus verniciflua(옻나무) 92
Robinia pseudoacacia(아까시나무) 98
Rosa hybrida(장미) 143
Rosa multiflora(찔레꽃) 161
Rosa rugosa(해당화) 145
Rubus crataegifolius(산딸기) 149

【S】
Salix babylonica(수양버들) 63
Salix chaenomeloides(왕버들) 71
Salix gracilistyla(갯버들) 141
Salix koriyanagi(키버들) 184
Salix pierotii(버드나무) 70
Sambucus sieboldiana(말오줌나무) 167
Sambucus williamsii(딱총나무) 166
Sapindus mukorossi (무환자나무) 23
Sapium japonicum(사람주나무) 107
Sapium sebiferum(조구나무) 42
Sophora japonica(회화나무) 100
Sorbaria sorbifolia(쉬땅나무) 142
Sorbus alnifolia(팥배나무) 52
Sorbus commixta(마가목) 29
Spiraea prunifolia f. *simpliciflora*(조팝나무) 160
Staphylea bumalda(고추나무) 176
Stephanandra incisa(국수나무) 157
Stewartia pseudocamellia(노각나무) 74
Styrax japonicus(때죽나무) 128
Styrax obassia(쪽동백나무) 126
Symplocos chinensis(노린재나무) 153
Syringa vulgaris(라일락) 170

【T】
Taxodium distichum(낙우송) 64
Tetradium daniellii(쉬나무) 130
Tilia amurensis(피나무) 59
Toxicodendron sylvestris(산검양옻나무) 91

【U】
Ulmus davidiana for. *japonica*(느릅나무) 40
Ulmus parvifolia(참느릅나무) 67

【V】
Viburnum carlesii(분꽃나무) 195
Viburnum dilatatum(가막살나무) 172
Viburnum erosum(덜꿩나무) 186
Viburnum opulus var. *calvescens* (백당나무) 173
Vitex negundo var. *incisa*(좀목형) 180
Vitis coignetiae(머루) 200
Vitis vinifera(포도) 206

【W】
Weigela subsessilis(병꽃나무) 174
Wisteria floribunda(등) 203

【Z】
Zanthoxylum piperitum(초피나무) 191
Zanthoxylum schinifolium(산초나무) 150
Zelkova serrata(느티나무) 66
Zizyphus jujuba(대추나무) 125

PUBLISHING GUIDE | 도서목록 |

4단계 분류법에 따라 나뭇잎을 구별한다

나뭇잎 도감 개정판

나뭇잎 4단계 분류법
나뭇잎으로 나무이름 알기

- 저자 : 이광만 · 소경자 지음
- 쪽수 : 296쪽
- 정가 : 30,000원
- 크기 : 112×182mm

286종 수목의 꽃 · 잎 · 열매 · 수피 · 겨울눈 · 수형 수록

핸드북 나무도감

각 수종마다 다양한 정보
야외에서 휴대하기 적합

- 저자 : 이광만 · 소경자 지음
- 쪽수 : 320쪽
- 정가 : 28,000원
- 크기 : 112×182mm

28개의 카테고리로 알아 보는

한국의 조경수1

251종의 조경수 수록
우리나라 조경수의 바이블

- 저자 : 이광만 · 소경자 지음
- 쪽수 : 392쪽
- 정가 : 30,000원
- 크기 : 190×240mm

28개의 카테고리로 알아 보는

한국의 조경수2

전원주택 정원 조성의
길라잡이

- 저자 : 이광만 · 소경자 지음
- 쪽수 : 392쪽
- 정가 : 30,000원
- 크기 : 190×240mm